低维胶体系统的分子模拟

杨 雯 著

科 学 出 版 社
北 京

内 容 简 介

本书系统、详细地讲述了软球胶体系统的重要基本概念、理论模型、数值模拟方法，分析讨论了典型约束势中经典胶体系统的结构、相图、缺陷、本征振动、熔解等一系列静态和动力学性质。书中讲述的数值模拟算法主要包括蒙特卡罗方法和分子动力学方法的基础理论，以及常用的能量极小优化方法等，并讲述了相关算法在不同胶体系统中的应用。本书基于经典胶体体系的基础知识和计算物理学的基本方法，重点介绍各种算法在经典胶体体系中的应用和理论结果的分析讨论。

本书可作为计算物理学、计算材料学相关专业和领域的高年级本科生、研究生或科研工作者的参考书。

图书在版编目（CIP）数据

低维胶体系统的分子模拟/杨雯著. —北京：科学出版社，2017.12

ISBN 978-7-03-055945-6

Ⅰ. ①低… Ⅱ. ①杨… Ⅲ. ①胶体–分子物理学–研究 Ⅳ. ①O648.11

中国版本图书馆 CIP 数据核字（2017）第 309436 号

责任编辑：陈雅娴 赵晓霞 / 责任校对：杜子昂
责任印制：吴兆东 / 封面设计：迷底书装

科学出版社出版
北京东黄城根北街 16 号
邮政编码：100717
http://www.sciencep.com

北京九州迅驰传媒文化有限公司 印刷
科学出版社发行 各地新华书店经销

*

2017 年 12 月第 一 版 开本：720 × 1000 1/16
2018 年 5 月第二次印刷 印张：9 3/4
字数：200 000

定价：68.00 元

（如有印装质量问题，我社负责调换）

前　言

胶体系统广泛存在于自然界，颗粒和分散介质可以是气态、液态或固态物质。其中，由带电胶球散布于电解溶液中而成的软球胶体体系，当粒子表面具有很高的表面电荷时，颗粒之间呈现强静电排斥力，抑止或冻结颗粒的布朗运动，使得胶体中的颗粒形成长程有序的胶体晶格结构。当处于不同外部约束势中，该经典胶体系统将呈现一系列丰富的物理现象和规律。由于可以在实空间观察胶体粒子，在时间上的分辨率很大，因而可以使用的测试手段十分丰富，可以对其进行方便、有效的研究。此外，胶体体系还能呈现出凝聚态物质的许多相态，胶体颗粒的尺寸大小、表面性质、颗粒之间的相对作用力都可以人为地控制和变化，因此胶体分散体系是研究液体、固体的有序结构、相变及相稳定性的理想物理模型。

本书系统讲述了软球胶体系统的重要基本概念、理论模型、数值模拟方法，分析讨论了典型约束势中经典胶体系统的结构、相图、缺陷、本征振动、熔解等一系列静态和动力学性质。全书共 6 章，第 1 章主要讲述胶体系统的基本知识，以及 Wigner 晶格的基本概念和相关实验体系。第 2 章主要讲述用于分子模拟的数值模拟算法，包括蒙特卡罗方法和分子动力学方法的基础理论，以及常用的能量极小优化方法等。第 3～6 章为不同约束势中胶体系统的数值模拟，主要讲述相关算法在不同胶体系统中的应用，以及对一系列相应理论结果的分析和讨论。

本书的出版得到了太原科技大学清洁能源与现代交通装备关键材料及基础件学科群、金属材料成形理论与技术山西省重点实验室和材料科学与工程学院的大力支持，在此表示衷心的感谢！

由于作者水平有限，书中难免存在不足和疏漏之处，恳请专家和读者批评指正。

杨　雯

2017 年 10 月 1 日

前言

目　录

第1章　胶体系统与Wigner晶格

1.1　胶体系统简介

1.1.1　软球胶体系统

胶体系统（colloidal system）是指微小颗粒散布于分散介质中形成的系统。颗粒的尺寸一般在几纳米到微米之间，形状可以是球形、柱状或其他形状。这样的颗粒比原子的尺度大很多，因而量子效应并不重要。但它又足够小，在常温下可以做布朗运动，不会在引力的作用下很快沉淀。

胶体系统广泛存在于自然界，颗粒和分散介质可以是气态、液态或固态物质。例如，雾就是水的颗粒在空气中形成的胶体系统；烟、尘则是固态颗粒散布在空气中形成的胶体系统；其他胶体系统还有肥皂泡（气在液中）、牛奶（液在液中）、牙膏（固在液中）、泡沫塑料（气在固中）等。许多日常用品如白色的油漆、黑色的墨汁都是胶体，白漆的主要成分是水和 TiO_2 颗粒，而墨汁的主要成分是水和炭黑颗粒。胶体从本质上说是一种不稳定的系统，其中的颗粒之间存在着范德华引力。对于极小的颗粒，周围溶剂分子的无规碰撞可以抵消这种吸引，从而使系统达到稳定。但对于较大的颗粒，由于溶剂分子的无规碰撞在很大程度上表现为一种平均效果，颗粒本身的布朗运动不足以抵消颗粒间的范德华力吸引，最终导致颗粒的絮结和沉淀，使胶体系统遭到破坏。因此研究胶体的基本课题之一就是保护和维持胶体系统的稳定，通常的稳定方法有静电稳定方法和体积稳定方法等。

对胶体的研究主要是讨论其中微粒的行为，一般将其分为两种不同的模型，即硬球模型和软球模型，在实际中对应不同类型的胶体系统。其中一个简单的数学模型是把这些微粒看成大小相同的硬球，也就是硬球模型。根据硬球模型，一般来说，单分散微米或亚微米颗粒可以按照面心立方（fcc）密堆积的模式形成胶体晶体，这种密堆积的胶体晶体已经在很多领域得到了应用。例如，利用胶体晶体作为模板制备各式各样的多孔材料，而且胶体晶体还与光子晶体有密切关系。在这类胶体晶体中，胶体粒子的体积分数比较高，接近于密堆积。这类胶体晶体不是本书的重点，因而不再进行详细讨论。

与硬球胶体完全不同的另一类胶体是由带电胶球散布于电解溶液中形成。通常胶体颗粒的表面都带有电荷，且带电颗粒的静电相互作用一般是长程相互作用，因而这种胶体小球称为软球。对于这类胶体，胶体粒子体积分数比较低，但也可以形成有序结构。这就要求粒子表面具有很高的表面电荷，颗粒之间呈现强静电斥力，抑止或冻结颗粒的布朗运动，使得胶体中的颗粒形成长程有序结构，也就是类似的“Wigner 晶格”（详见 1.2 节）结构。本书后面提及的胶体系统均指软球胶体体系。

对于此类胶体形成的胶体晶体，Vanderhoff 对其结晶过程做了最早的研究，发现颗粒之间的距离大于其直径的 5 倍，说明晶体的形成是由静电斥力而不是由范德华力导致的，因此该软球胶体体系可以简化为一个经典相互作用体系。胶体粒子由于可以在实空间进行观察，在时间上的分辨率很大，因而可以使用的测试手段十分丰富，可以对它们进行方便、有效的研究。此外，胶体体系还能呈现出凝聚态物质的许多相态，胶体颗粒的尺寸大小、表面性质、颗粒之间的相对作用力都可以人为地控制和变化，因此胶体分散体系是研究液体、固体的有序结构、相变及相稳定性的理想模型。

1.1.2 二维胶体系统

下面举例说明具体实验中的二维胶体系统，在此详细介绍德国 Leiderer 教授小组的典型二维胶体实验[1]。该实验使用超顺磁颗粒作为胶体颗粒，通过一个外加磁场，使颗粒之间产生相互排斥的作用力。具体实验装置剖面图如图 1.1（a）所示。最下面是熔硅衬底，在上面覆盖一层自旋极化的有机玻璃（PMMA）膜，以防止胶体颗粒粘在衬底表面。侧面硬壁边界是嵌入衬底的圆形透射电子显微镜（transmission electron microscope，TEM），胶体粒子和溶液置于衬底之上和圆形硬壁边界中。装置顶部有盖子和数字摄像系统，以观察胶体颗粒的状态。整个装置放置在一个大铜线圈中心，这样可以外加轴向强磁场（B）。

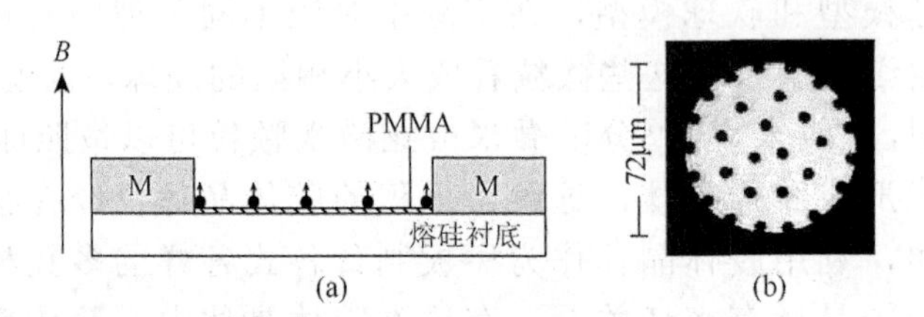

图 1.1 （a）德国 Leiderer 教授小组的二维胶体实验装置剖面图[1]；（b）实验得到的胶体晶格结构（俯视图）[1]

处在此装置中的超顺磁胶体粒子在强磁场的作用下，磁矩取轴向，相互之间在径向产生磁偶极子排斥势

$$V_{ij}^{\mathrm{mag}} = \mu_0 M^2 / 4\pi r_{ij}^3$$

其中，r_{ij} 为两个粒子间的距离；M 为每个粒子的磁矩，该实验中每个粒子所带磁矩基本相同。

通过调节外磁场强度可以调节粒子间相互作用势大小。与此同时，所有胶体颗粒都被束缚在一个圆形硬壁中，即有一个硬壁外势的作用。在两种势的作用下，胶体粒子向下沉淀，并形成有序晶格的结构［图 1.1（b）］，即胶体晶格结构。在此实验中，胶体晶格是由胶体粒子之间的磁偶极矩排斥力和硬壁边界的约束共同作用的结果。在此基础上就可以提出“粒子间作用势 + 约束外势”这样一个简单的经典有限胶体系统模型。在此硬壁约束下，观察到的胶体晶格结构［图 1.1（b）］呈较好的壳层结构，其中最外层粒子紧贴在约束硬壁上。粒子间的排斥作用使粒子优先分布在边界上，边界部分的粒子密度应该大于中心的粒子密度，这个结论在实验结果图 1.1（b）中得到了验证。

该实验同时记录了胶体颗粒的运动情况。该系统定义耦合系数

$$\Gamma = \langle V^{\mathrm{mag}} \rangle / N K_{\mathrm{B}} T$$

其中，V^{mag} 为粒子间的磁偶极矩作用势；N 为总粒子数目；“$\langle\rangle$”代表对所有粒子间作用求平均。该耦合系数表示平均势能与平均动能之比，Γ 大于一定值时，可形成晶格结构，Γ 小于一定值时，则发生固液相变。由于 V^{mag} 与外场强度直接相关，而动能又与温度相关，所以实验中可以通过调节外磁场强度或者温度来控制耦合系数 Γ 的大小，从而观察胶体颗粒的状态变化。该实验保持温度 $T = 295\mathrm{K}$（室温），通过调节外磁场强度来改变耦合系数。

图 1.2 即是总粒子数为 29 的胶体颗粒在四个不同耦合系数 Γ 下 30min 的运动轨迹。从图 1.2（a）～（d）中可以看出，当耦合系数 Γ 逐渐减小时，其效果相当于对系统升温。图 1.2（a）显示胶体颗粒基本保持晶格结构，粒子在平衡位置附近微小振动；当耦合系数降低（即升温）到 38 时，最中心的粒子已经在角向呈现液态特征；继续升温到 $\Gamma = 30$，刚才已经呈液态的中心粒子又呈现晶格结构，但是粒子在平衡位置的振动幅度有所增加；进一步升温到 $\Gamma = 7.5$ 后，整个系统熔解，呈液态。以上粒子状态从图 1.2（b）到（c）的变化就是著名的重入（reentrance）现象。Leiderer 教授小组给出的合理解释是：温度升高，最中心粒子产生角向无序，随着温度的再度升高，中间层粒子会产生径向无序，从而使中心粒子的角向运动变得困难，中心粒子主要在径向振动，从而重新角向有序，同时，虽然在平衡位置附近的径向振幅增大，但仍然径向有序。最后可以得出结论，硬壁势中胶体系统随温度升高的状态变化过程是角

向有序、径向有序（晶格）→角向无序、径向有序（准液态）→角向有序、径向有序（准晶格）→角向无序、径向无序（液态）。

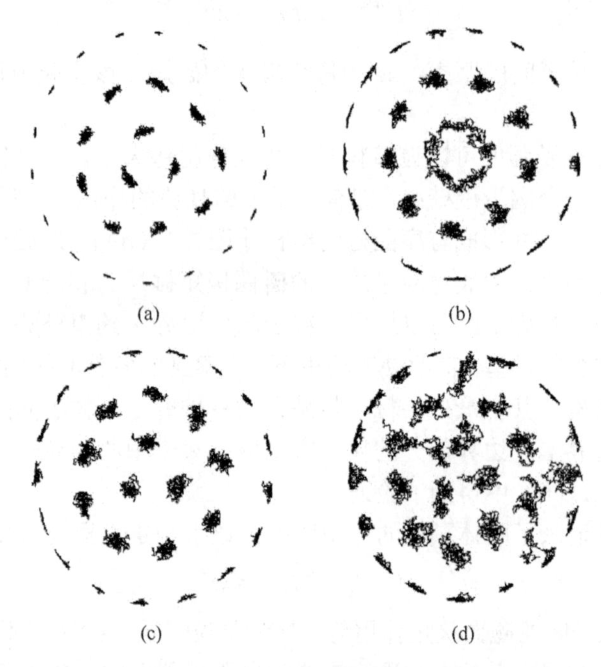

图 1.2 粒子数目为 29 的胶体晶格系统在不同耦合系数 Γ 下的运动轨迹变化图[1]

（a）$\Gamma=152$；（b）$\Gamma=38$；（c）$\Gamma=30$；（d）$\Gamma=7.5$；每个图中粒子运动轨迹的记录时间是 30min

另外，Leiderer 教授小组又在激光激发二维胶体晶格熔解[2-4]、重入熔解[5-7]、胶体颗粒之间的磁偶极势作用[8]，以及带电胶体颗粒的电量测量[9]等方面做了很多工作。

在以上 Leiderer 教授小组的实验中，系统中的每个胶体粒子都是同种粒子，称为同种粒子系统或一元系统。在后来的工作中，又将实验扩展到二元粒子体系[10]。图 1.3 中的实验装置与图 1.1 相同。在这个二元粒子系统实验中，大胶体颗粒的直径是 4.5μm，小胶体颗粒的直径是 2.8μm。两种颗粒直径不同，质量不同，在外磁场下的磁矩也就不同，从而两种颗粒之间的相互作用与同种粒子体系相比不均匀。图 1.3（b）是实验观察到的 38 个大粒子和 10 个小粒子组成的二元体系形成的晶格结构。从中可以看出大粒子形成比较好的壳层结构，而小粒子则分布在大粒子形成的壳层之间。与同种粒子系统相比，二元体系的结构更加复杂。

同样地，该实验也研究了二元粒子系统的熔解过程。图 1.4 展示了由 32 个大粒子和 35 个小粒子组成的二元体系在逐渐降低的耦合系数 Γ 下每种粒子密度的变

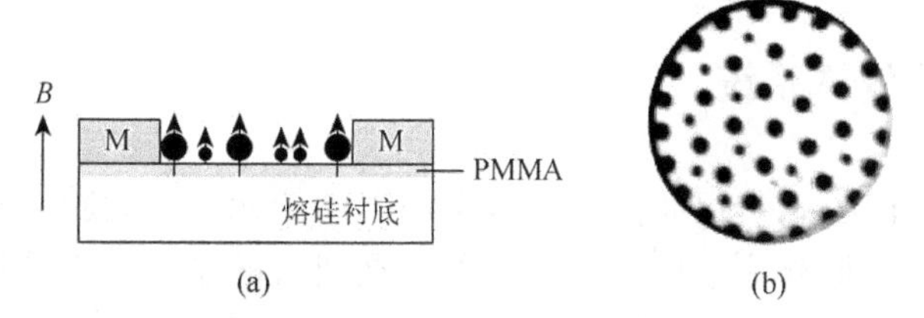

图 1.3　(a) 德国 Leiderer 教授小组的二维二元胶体实验装置剖面图；(b) 实验观察到的二元胶体晶格结构（38 个大粒子和 10 个小粒子）[10]

图中粒子被约束在直径 73μm 的圆腔中

化情况，其中黑色代表大粒子，灰色代表小粒子。图 1.4 (a) 显示两种粒子基本保持为晶格结构，在平衡位置附近做微小振动；到图 1.4 (b) 小粒子首先呈现液态，而大粒子仍然是晶格结构；温度升高到图 1.4 (c)，大粒子开始角向无序；继续升温到图 1.4 (d)，整个系统无序，呈液态。在这个过程中未观察到熔解的重入现象，有可能与小粒子对大粒子的作用较小有关。

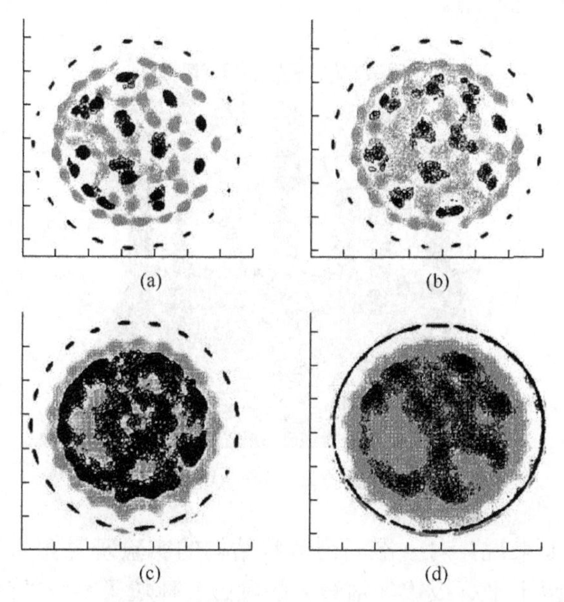

图 1.4　32 个大粒子和 35 个小粒子组成的二元体系在不同耦合系数 Γ 下的粒子分布密度图[10]（黑色代表大粒子，灰色代表小粒子）

(a) $\Gamma=12.8$；(b) $\Gamma=8.7$；(c) $\Gamma=4.3$；(d) $\Gamma=1.0$；图中单位坐标是 10μm

总的来说，二元粒子系统不论在结构和熔解现象方面都比同种粒子系统复杂很多，两种粒子之间的磁矩差别、数目之比都对具体的结构和动力学过程产生决定性的影响。

1.1.3 准一维胶体系统

Leiderer 教授小组不仅研究了二维平面上的一元、二元胶体系统，也将研究范围扩展到准一维胶体系统[11-13]。该小组主要研究的是准一维胶体系统在环状约束中的单行传播行为（single-file diffusion），胶体粒子可以被约束在刻蚀的圆环状细管（channel）中[11]或在环状的扫描光镊（scanning optical tweezers）约束中[12]，以及链状的准一维胶体系统[13]。

关于准一维胶体系统形成的链状结构，2002 年 Doyle 的工作中有过相关研究[14]。其研究了准一维顺磁胶体颗粒形成的链状结构（图 1.5）对 DNA 分子的分离情况，同时指出悬浮的顺磁胶体颗粒与以往的分离媒介相比有很多优势。例如，在外磁场存在的情况下顺磁胶体颗粒黏性很小；链状结构之间的分离距离大小可调；不需要显微光刻技术（microlithography）。因而顺磁胶体颗粒系统有可能在 DNA 分子分离，以及对中性大小的细胞、蛋白质、细胞器官和纳米粒子的分离方面有广泛应用。

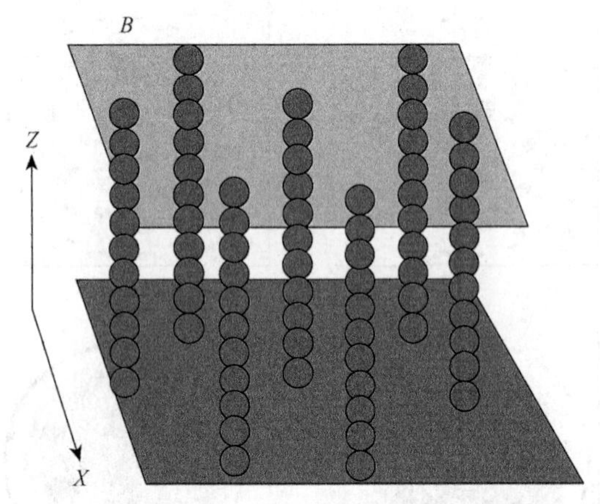

图 1.5 由顺磁胶体颗粒组成的链状结构[14]

从这个意义上来说，对于准一维链状结构的实验研究尤为重要[15, 16]。Doyle 小组[16]对约束在两个平行板中（细管）的顺磁胶体粒子系统的静态和动力学性质做了系统的研究。下面将举例详细介绍该工作[16]。

图 1.6（a）即是该实验中的装置剖面图，把直径为 2.8μm 的胶体粒子约束在宽度为 40μm 的聚合物细管中，细管浸在一个缓冲腔中（buffer），整个腔放置在线圈中心，这样外置线圈给细管中的顺磁粒子提供一个 Z 方向的磁场，如图 1.6（a）所示。细管中的胶体粒子于是沉淀在 XZ 平面上，由于 X 方向只有 40μm［图 1.6（b)］，可以形成准一维的晶格结构。

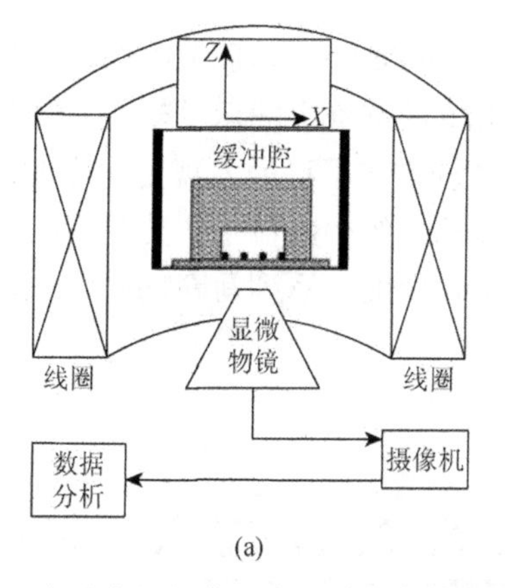

(a)

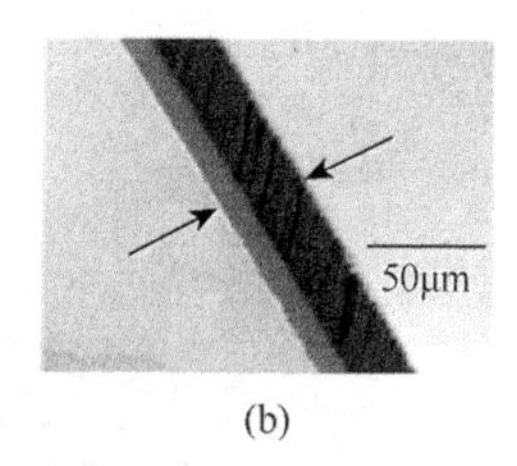

(b)

图 1.6　(a)Doyle 实验小组的准一维顺磁胶体系统装置简图[16]；(b)实验所用宽度为 40μm PDMS 细管的 SEM 图[16]

图中箭头标注的是两个管壁的位置

实验中所用细管的宽度是一定的，实际细管宽度均为 40μm，但根据其中粒子密度的不同，可换算成不同的无量纲的细管宽度。图 1.7 中左侧一栏是实验中观察到的不同无量纲宽度的细管中胶体粒子系统形成的多层链状结构照片；中间一栏数字对应左侧照片中细管的无量纲宽度，右侧是左侧照片中相应粒子的缺陷结构分析，空心三角代表七配位的缺陷粒子，实心黑点代表五配位的缺陷粒子。由此可以看出，随着细管宽度的增加，胶体粒子形成的多层链中的缺陷数目并不是单调变化的，而是振荡变化。从图中的缺陷结构图可以看到缺陷数目呈少—多—少—多—少的变化趋势。这个现象在二维系统中没有被观察到过。

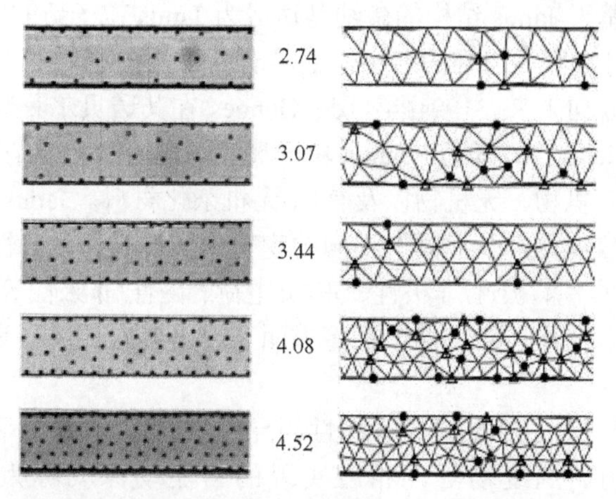

图 1.7　左侧一栏是实验中胶体粒子在细管中的结构照片；中间数字对应左侧照片中细管的无量纲宽度；右侧是左侧照片中相应粒子的缺陷结构分析[16]

空心三角代表七配位的缺陷粒子，实心黑点代表五配位的缺陷粒子

图 1.7 中的缺陷结构直接决定了系统的动力学性质。图 1.8 显示了某一相同温度下胶体粒子在无量纲宽度为 3.44 和 4.08 的细管中的运动轨迹。很明显可以看出，含缺陷结构数目较多、宽度为 4.08 的系统中粒子已经表现为无序的液态。与此同时，缺陷较少、结构较好、宽度为 3.44 的系统中的粒子仍然呈现接近平面六角形的晶格结构。这些在准一维胶体系统中发现的一系列新奇的物理现象将在接下来的模拟工作中进行详细讨论。

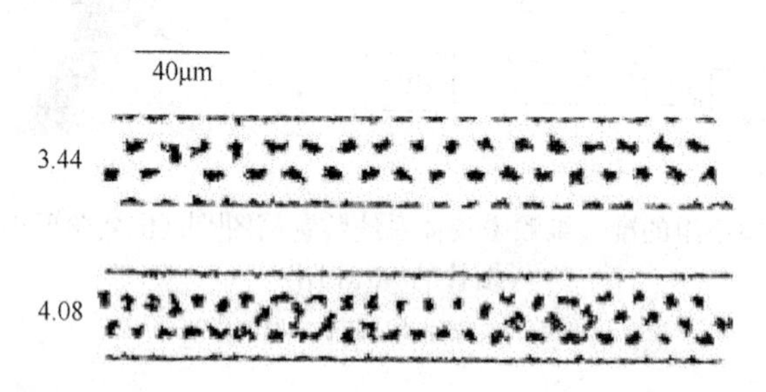

图 1.8 某一温度下胶体粒子在无量纲宽度为 3.44 和 4.08 的细管中的运动轨迹[16]

1.1.4 自泳胶体粒子系统

自泳胶体粒子或自驱动粒子是近年来研究的热点，以下简称自泳粒子。很多生物体系中的大肠杆菌、精子、团藻等粒子都可以认为是自身具有驱动力的自泳粒子。同时，现在也可以利用实验手段制备类似的自泳粒子，如基于 Janus 粒子的微纳马达。人造微纳马达在药物递送、环境检测等方面的应用引起了人们的极大关注，近几年基于 Janus 结构的微纳马达成为 Janus 粒子新的研究热点。

“Janus”源自古罗马门神的名字，他具有两个方向相对的不同面孔，一面看向过去，另一面看向未来。1991 年，de Gennes 在其诺贝尔获奖演说中第一次提出了“Janus particles”的概念。Janus 粒子尺寸一般为微米或纳米级，构建 Janus 粒子的材料包括有机物、无机物以及有机-无机杂化材料。Janus 粒子表面分别具有不同的形貌或官能团，从而具有不同的物理化学性质，且各性质之间没有相互干扰，如亲水/疏水性、极性/非极性、正/负电荷、磁性/非磁性等。Janus 粒子或微球在力学、磁学、光学、表面两亲性等方面表现出各向异性，是真正的多功能实体粒子。

Janus 粒子往往由表面物理化学属性相异的两部分组成，其利用两面异性来建立浓度场、电场、温度场等，相应实现的自驱动泳动称为自扩散泳（self-diffusiophoresis）、自电泳（self-electrophoresis）或自热泳（self-thermophoresis）等。其中一个典型的例子是 Pt-SiO_2 型 Janus 球形微纳马达在过氧化氢溶液中的自驱动。过氧化氢在 Pt 表面催化分解（$2H_2O_2 \longrightarrow 2H_2O + O_2$），在 Pt 表面一侧形成更高的分子浓度，从而驱动 Janus 粒子向另一侧运动。因此，双金属（如 Pt-Au）或金属-绝缘体（如 Pt-SiO_2）微纳马达成为自泳粒子体系的研究重点[17]，其共同特点是通过 Pt 等金属的催化性消耗溶液中的过氧化氢，将化学能转变为马达前进的机械能。图 1.9 描述了 Janus 微球在局部浓度梯度作用下的自扩散泳动机理，其中反应生成的氧气仍以分子形态溶解于溶液中形成浓度梯度。其他实验还发现，在一定条件下生成的氧气可以聚集成核形成微气泡，形成了新颖的微气泡推进型的 Janus 微纳马达。管状微纳马达则是微气泡推进型马达的一种变形，具有较高的驱动速度和能量转化效率。

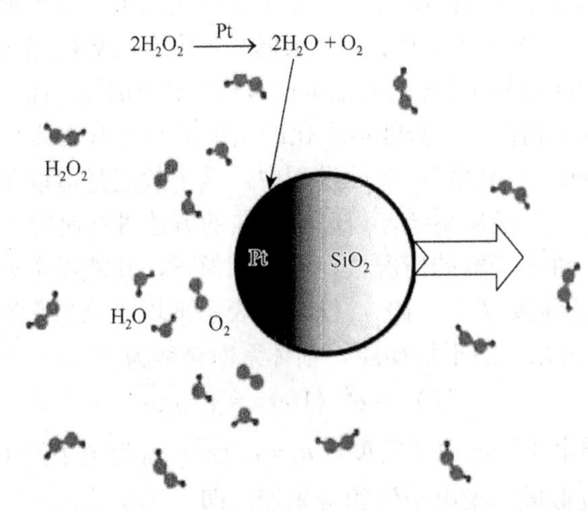

图 1.9　Pt-SiO_2 型 Janus 球形微纳马达在过氧化氢溶液中的自驱动示意图

Janus 微纳马达吸引人的特性是不需外场提供能量，而仅通过自身建立局部的梯度场实现自驱动，微纳马达的驱动机制包括电梯度场驱动型、热梯度场驱动型、光梯度场驱动型等。最近有实验实现了以可见光和水作为环保燃料制备微纳马达，还制备了速度和方向可控的 Janus 中空微胶囊。经历近十年的探索，不同类型的 Janus 微纳马达被制备出来，可以在微纳流控中完成离子检测、药物传递、定向运输等复杂的任务[18, 19]。进一步提高效率的 Janus 微纳马达可用于水污染治理、微型机器人的动力部件、神经毒性药物检测、食品和生物样品中有机污染物的检测等，展现了广阔的应用前景。在之后将运用布朗动力学方法模拟并分析自泳粒子系统在不同约束势中的动力学性质。

1.2　Wigner 晶格

如上所述，本书研究的低维软球胶体系统可以简化为一个低维经典相互作用系统，即一定数目的相互作用粒子在外势作用下形成的稳定晶格或类晶格结构。该系统是研究凝聚态物理中结晶、熔解、自组装、布朗运动等基本物理现象的一个重要模型系统。

在该系统中，相互作用的粒子在实际实验中可以是电子、电子团、离子或离子团，甚至是各种形状的小磁体等，由于在实验中其尺度接近经典尺度，因此可以用一个经典模型系统，即低维经典相互作用系统来对其相应的实验进行模拟。

对于此类低维经典相互作用系统的研究起源于 Wigner 对“电子晶格”的预言。1934 年，Wigner 指出在低温情况下，三维电子气在低于一定密度极限下会形成稳定的晶格结构[20]。这是因为当电子密度很低时，电子的势能远远大于其动能，即电子间相互作用的库仑势（Coulomb potential）占主导地位。而电子的库仑势又取决于电子的空间排布情况，其势能最小化的结果是电子形成体心立方（bcc）结构的晶格，称为“Wigner 晶格”。在此过程中，量子效应是可以忽略的，因此这种三维电子气系统是一个经典系统，可以用经典的方法进行研究。

现在来考虑二维电子气的情况，在经典图像下，其能量主要取决于平均势能 $\langle V\rangle$。定义一个耦合系数 $\Gamma=\langle V\rangle/\langle K\rangle$ 来表示平均势能和平均动能之间的相对强度，其中 $\langle K\rangle$ 为系统的平均动能。则体系库仑势为

$$\langle V\rangle=e^2\langle 1/r\rangle=e^2\sqrt{\pi n_{\mathrm{e}}}$$

其中，n_{e} 为此二维电子气的电子密度，$n_{\mathrm{e}}=1/\pi r_0^2$；$r_0$ 为电子间平均距离。在低温时，体系动能可近似成二维电子气的费米能，即

$$\langle K\rangle=K_{\mathrm{B}}T=E_{\mathrm{F}}=\hbar^2\pi n_{\mathrm{e}}/m$$

其中，m 为电子质量。因此耦合系数

$$\Gamma=e^2m/\hbar^2\sqrt{\pi n_{\mathrm{e}}}=r_0/a_{\mathrm{B}}$$

其中，$a_{\mathrm{B}}=\hbar^2/me^2$，为玻尔半径（Bohr radius）。在此基础上，可以分三个区域对耦合系数 Γ 进行讨论。当 $\Gamma<1$ 时，势能远小于动能，体系表现为理想电子气行为；当 $1\leqslant\Gamma\leqslant100$ 时，势能和动能相互竞争，体系呈现类液体状态；当 $\Gamma>100$ 时，体系势能远大于动能，电子间强相互作用使得体系发生类液态到有序晶格的转变。之后数值模拟结果得出在三维系统中实现“Wigner 晶格”结构的结晶阈值是 $\Gamma\approx170$，且对应体心立方（bcc）结构，而二维系统的结晶阈值是 $\Gamma\approx125$，对应最低能量构型为平面六角形（hexagonal）结构[21]。

“Wigner 晶格”预言的产生引起了广泛关注，自此涌现出大量的实验工作以期在实际中观察到“Wigner 晶格”。遗憾的是，迄今实验中还没有观察到三维电子的“Wigner 晶格”结构。Wigner 预言的电子晶格是存在于无限系

统中的，如果要在实验中实现，必须考虑边界效应，即在实验中它是一个有限的经典系统。这种有限系统的边界对晶格结构的影响是研究中的重点问题。同时，在实验中，如金属或半导体中的电子系统中，电子不仅受到相互之间的库仑排斥作用，同时也受到所在体系中杂质、缺陷等的作用，使得电子晶格结构的形成十分困难，因而实验科学家通过一些替代系统来实现类似的电子晶格结构。

1971 年，Crandalla 和 Williams 在理论上提出在液氦表面有可能观察到二维的电子晶格结构[22]。图 1.10 即是文献[22]中提出的理论模型：在液氦表面以下 10mm 处放置一个带正电的金属板，可以将悬浮在液氦表面的电子束缚在一定范围内，得到稀薄的电子气系统，又因为液氦的低温，从而有可能实现二维的电子晶格结构。

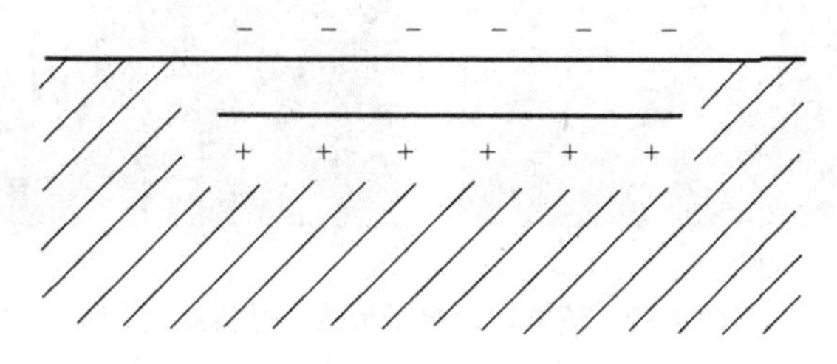

图 1.10　液氦表面电子晶格的理论模型[22]

1979 年 Grimes 和 Adams 首次在实验中用耦合等离子激元共振法（coupled plasmon-ripplon resonances）证实了液氦表面电子在低于 0.457K 时形成二维的三角晶格结构[23]，即类似的“Wigner 晶格”。随着实验条件的进步，通过外加一个垂直于液氦表面的电场，如图 1.11 所示，可以直接观察到液氦表面电子形成的晶格结构[24, 25]。当电场足够大时，多个电子凝聚成团，即形成宏观尺度的电子团。

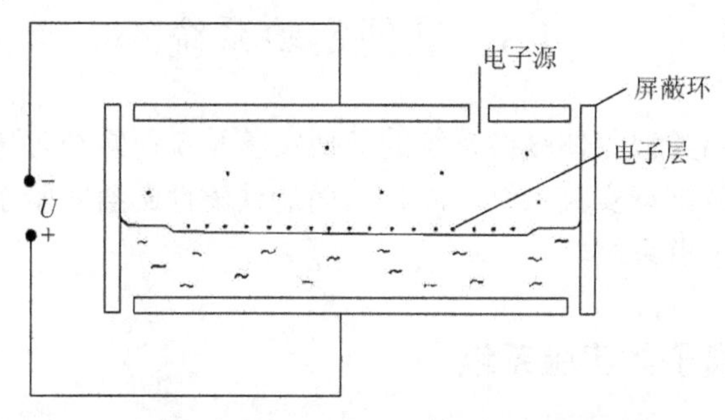

图 1.11　液氦表面电子晶格的实验装置[25]

通常一个电子团由 10^7 个电子凝聚而成，每个电子团的直径可达 1mm，因此每个电子团可视作一个经典带电粒子，电子团之间以库仑力相互排斥，形成有序的类“Wigner 晶格”结构，如图 1.12（a）所示。当进一步增加电子的数量，电子团的数量随之增多，于是形成三角晶格结构，如图 1.12（b）所示。这个结果与理论预言[22]以及耦合等离子激元共振法的结果[23]是相符的。

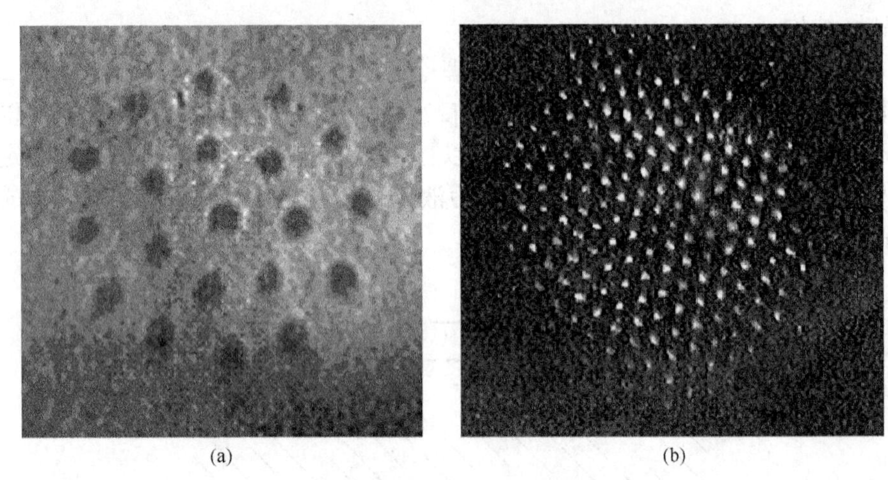

(a) (b)

图 1.12 液氦表面电子形成的晶格结构[24]

图中每个黑点代表一个电子团

从液氦电子系统可以看出，低温下宏观尺度的“电子团”可以形成类“Wigner 晶格”结构，而宏观尺度的“电子团”可以视作经典的带电粒子。因此，“Wigner 晶格”的概念不再局限于电子系统，之后在各种实验系统中发现了类似的晶格结构，如 1.1 节介绍的各种外势约束下的胶体系统[26-32]、复杂等离子体系统[33-36]、量子点中的电子系统[37-39]、激光冷却离子系统[40-43]、金属板上的带电粒子系统[44-47]以及磁性转盘系统等[48-50]。下面将分别介绍这些实验系统。

1.3 其他实验系统

本节系统介绍类似胶体晶格系统的其他实验系统：复杂等离子体实验系统、平板上的带电不锈钢球实验系统、液体表面的铁磁性圆盘实验系统、激光冷却离子实验系统和量子点系统。

1.3.1 复杂等离子体实验系统

人类已知物质世界中绝大部分物质（99%以上）以等离子体的形态存在，

如恒星、星云、大质量行星的内核等，同时伴随有大量的尘埃。实际上，等离子体和尘埃是已知宇宙空间中最为常见的两种成分，而二者的共存及相互作用开辟了近年来新兴的研究领域——复杂等离子体（complex plasma）。复杂等离子体又称尘埃等离子体（dusty plasma）。称其为复杂等离子体，主要是与胶体系统中的复杂流体（complex fluid）相对应。等离子体是物质的第四相，一般认为其是由电子、离子和中性粒子组成的电离系统。在空间环境和实验室中，等离子体往往包含大量的固体尘埃颗粒，从而形成复杂等离子体。对于复杂等离子体的定义至今还没有统一而明确的说法。一般而言，复杂等离子体是由电子、离子、中性气体分子以及一些带电的固体尘埃颗粒组成的复杂系统，它广泛存在于地球电离层、行星星环和彗星尾以及地球上各种气体放电产生的等离子体中，如加工半导体芯片的放电室[51-54]以及磁约束核聚变实验装置中[55, 56]。尘埃粒子的质量远大于电子和离子的质量，因而运动缓慢，在运动过程中能够捕捉大量电子和离子。又由于电子远比离子运动迅速，因此尘埃颗粒总是带负电。复杂等离子体代表了空间、实验室及工业用等离子体的最普遍形式。对复杂等离子体的研究，不仅在空间探测、半导体芯片加工及磁约束核聚变等领域有着重要的应用价值，同时对丰富等离子体物理基础理论有很大的帮助。

人们第一次在实验室观察到尘埃晶格是在1994年[33-36]，分别由四个不同的实验室在射频放电产生的等离子体中实现。之后他们的实验被推广并在各种放电条件下重复[57-60]。实验室复杂等离子体中库仑晶格（即尘埃晶格或等离子体晶格）的首次实现，引起了人们对复杂等离子体的研究兴趣。

随后众多与复杂等离子体相关的新奇现象在实验室中层出不穷。主要关注的复杂等离子体的研究热点有以下几个方面：等离子体晶格结构[33-36]；等离子体晶格本征振动模式和波的传播的研究[61-64]；等离子体晶格熔解及相变过程的研究[65, 66]；其他关于缺陷动力学[67]、带电尘埃粒子与等离子体之间相互作用的研究[68, 69]等。下面将介绍典型的实验小组对复杂等离子体晶格的研究工作。

1994年四个不同的研究小组分别在射频放电产生的等离子体中观察到了等离子体晶格结构。其中台湾“中央大学”伊林教授研究小组的实验装置如图1.13所示[33]。在此实验中，等离子体处在一个圆柱形腔体中，腔体上部是透明玻璃，在腔体外部垂直于腔体轴向的方向投射一束He-Ne激光，以照亮腔体内的等离子体系统，同时透明玻璃上方放置数字摄像机用以观察并记录腔体内等离子体系统的变化过程。

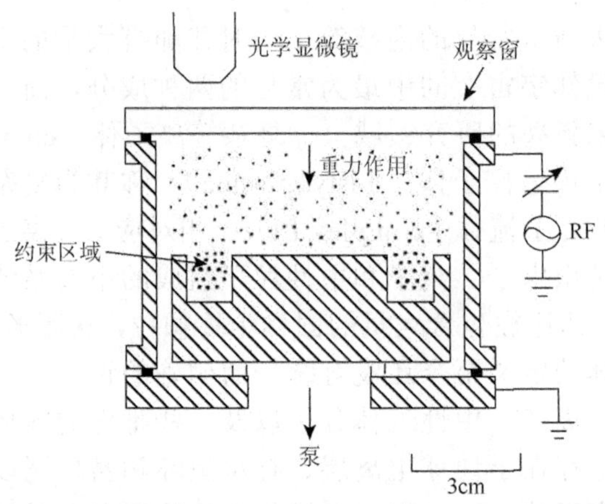

图 1.13　射频放电等离子体系统的圆柱形实验装置图[33]

实验中外加 14MHz 的射频电源，在腔体内充满氩气（argon gas），压强为 10mTorr①。之后通入反应气流氧气和硅烷，两者的偏压比为 1，且射频功率保持在 30W。此时在腔体中氧气和硅烷会发生反应产生二氧化硅粒子。为了提高反应效率，实验中外加一个轴向磁场。随着通入反应气流时间的延长和腔体内气体压强的增强，产生的粒子直径和密度增大，吸附电荷也增多。当产生的二氧化硅粒子达到微米量级时，停止通入反应气流，撤销外加磁场。然后通过调节射频功率，调节背景等离子体的热涨落。保持氩气压强为 200mTorr，降低射频功率到 1W 时（此时热涨落很小），可在极板上方等离子体鞘层中的约束区域（如图 1.13 中极板上方的约束区域）观察到层状的晶格结构，如图 1.14 所示。

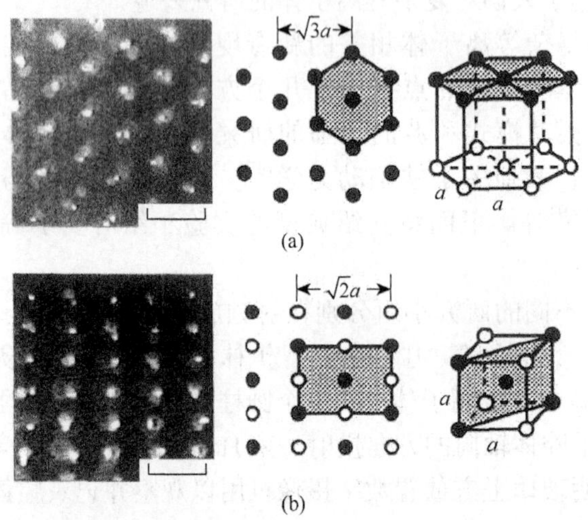

图 1.14　在射频放电等离子体系统中观察到的等离子体晶格结构[33]

① 1mTorr≈0.133Pa。

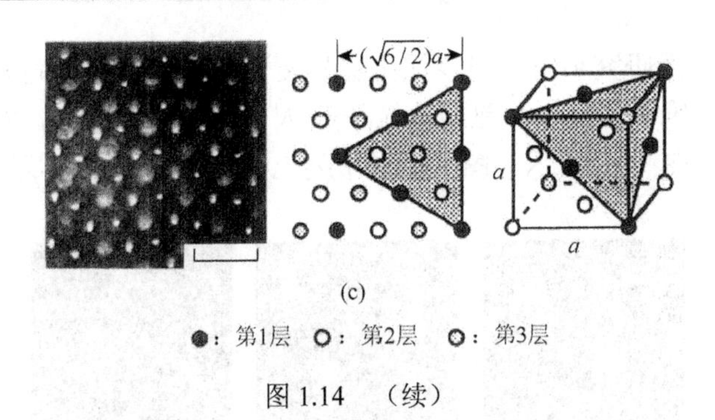

图 1.14　（续）

在等离子体鞘层中的带电尘埃粒子，在竖直方向上（轴向）所受的重力、轴向离子拖曳力和轴向鞘层静电力三力平衡，因此带点尘埃粒子悬浮在鞘层中。同时中空的下极板在放电开始后会在电极表面形成一个径向分布不均匀的二维鞘层，从而对带电尘埃粒子形成一个径向电场的约束，如图 1.15 所示，这样导致尘埃颗粒约束在极板的中心区域。又因为该区域的势阱较平，所以尘埃粒子实际是悬浮在一个近似的平面内。在各个力的作用下，尘埃粒子在平面内自组织形成有序的晶格结构，即二维的等离子体晶格，从而在实验中表现为层状晶格结构。二维的复杂等离子体晶格是带电粒子之间的相互作用力以及鞘层的径向电场产生的约束力共同作用的结果。由于鞘层内部物理过程的复杂性，通常这个径向约束电场也具有比较复杂的空间分布形式。但是据了解，在大多数相关实验分析或数值模拟过程中，为了简化问题都将其假设为一个具有抛物形分布的势阱。带电粒子间的相互作用一般是库仑相互作用或屏蔽库仑相互作用。

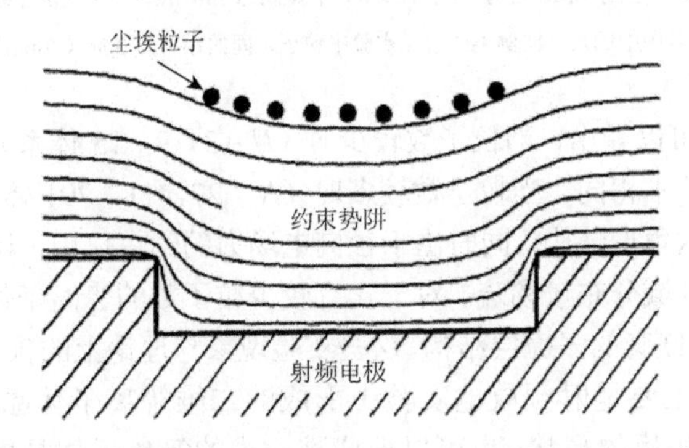

图 1.15　径向约束产生的二维等离子体晶格原理示意图[54]

进一步分析图 1.14 中得到的层状晶格结构，图 1.14（a）在二维平面上形成平面六角形结构，与理论预言相符[21]。分析其三维结构，可以近似视作体心立方［图 1.14（b）］或面心立方［图 1.14（c）］的结构。带电尘埃粒子由于在轴向上所受到的力基本平衡，而且层间的排斥作用很大，不易形成三维晶格的结构，所以大部分的实验和理论研究集中在带电粒子在二维平面所形成的结构。在随后的实验中[57]，伊林教授研究小组进一步优化实验装置，观察到了不同数目的带电粒子体系所形成的二维晶格结构，包括总粒子数 $N=3$，9，15，27，71，791 等体系的基态结构，如图 1.16 所示，图中括号中列出了相应体系各壳层的粒子数。

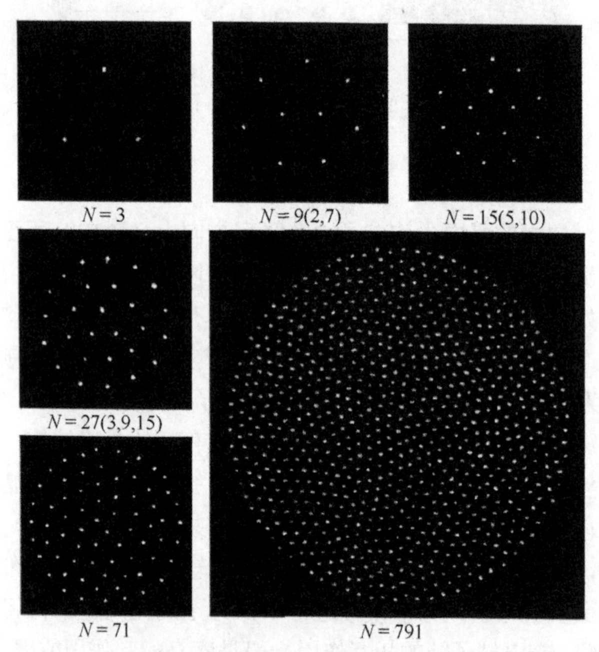

图 1.16　在射频放电等离子体系统中观察到的等离子体晶格结构[57]

各图中的尺寸比例不一致，实验中粒子之间的距离为 0.3～0.7mm

从图 1.16 中可以看出，当粒子数较少时（$N=3$，9，15 体系），形成壳层结构，粒子间平均距离基本相同。当粒子数较多时（$N=27$，71，791 体系），形成的二维晶格基本是平面六角形结构，同时由于径向电场力的约束作用，粒子在中心区域密度较高而在边缘区域分布较稀疏。对于含有较少粒子数的等离子体晶格，即库仑团簇，其结构呈相互嵌套的多壳层结构。这些实验现象与理论上的预言符合得很好[70]。

以上介绍的主要是射频放电实验中形成的二维等离子体晶格，实际上在实验中如果改变下极板的形状，也可以形成准一维的等离子体晶格[71-73]。如图 1.17（a）和（b）所示，下极板的形状是一个很深的抛物形，于是使悬浮在等离子体鞘层中的带电粒子受到中心的约束最大，因而带电粒子被外势束缚为准一维的链状结构。该准一维等离子体晶格形成的链状结构是研究经典波传播的理想模型。在图 1.17（c）中，可在径向的 y 方向外加两束方向相反的激光，以激发准一维链的中心粒子，从而诱导出一个横向光学波来进行测量和研究。准一维粒子系统也是近年来实验研究和理论研究的热点。

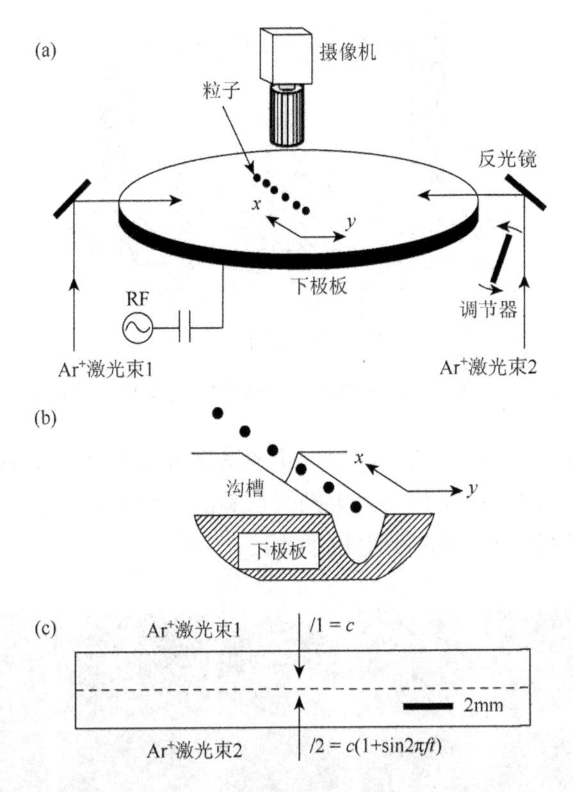

图 1.17　(a) 射频等离子体实验中形成准一维链的实验装置简图[71]；(b) 下极板对悬浮在上方的带电粒子的径向约束示意图[71]；(c) 两束在 y 方向相反的激光激发准一维链的中心粒子，以产生一个波的传播[71]

1.3.2　平板上的带电不锈钢球实验系统

2001 年由巴黎大学的 Jean 实验小组发展了一个新的实验系统——平板上的带电不锈钢球系统，可以形成宏观的“Wigner 晶格”结构[44, 45]。其实验装置示意图如图 1.18 所示[45]。在实验中，直径为 0.8mm 的不锈钢球被放置在一个平板电容器的下极板上，上极板是一个透明的导电玻璃。给电容器加一个 1000V 的电压 V_e，从而使钢球带电，每个球的带电量可以达到 10^9C。另外，在上下极板之间加一个椭圆形或圆形（直径约 10mm）的金属腔，同时给这个金属腔外加 1000～2000V 的电压 V_c，带电的金属腔使带电粒子约束在其中，并受到一个抛物形的约束作用。实验中为了找到体系的平衡结构，把整个实验装置放在三个独立的扬声器之上，并给扬声器加白噪声信号，使在上方的带电钢球振动，用以模仿热涨落引起的布朗运动。

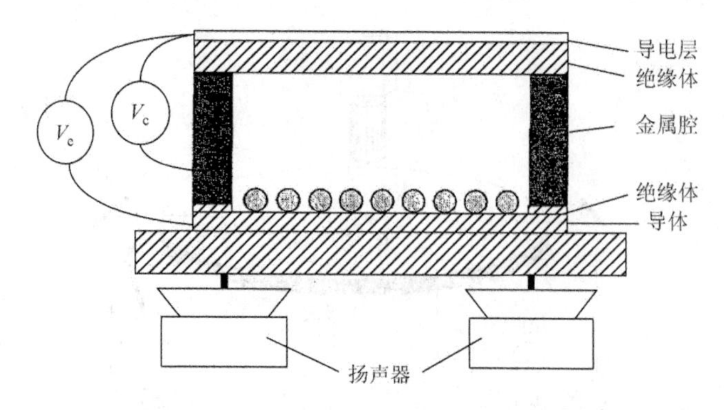

图 1.18　平板上带电不锈钢球系统的实验装置剖面示意图[45]

图 1.19 是实验中观察到的在不同形状的圆形或椭圆形腔中的带电钢球系统形成的晶格结构[45]，图中 b/a 代表约束椭圆形腔的纵轴和横轴长度之比，最左边每行的数字对应右边各个系统的带电粒子数目。

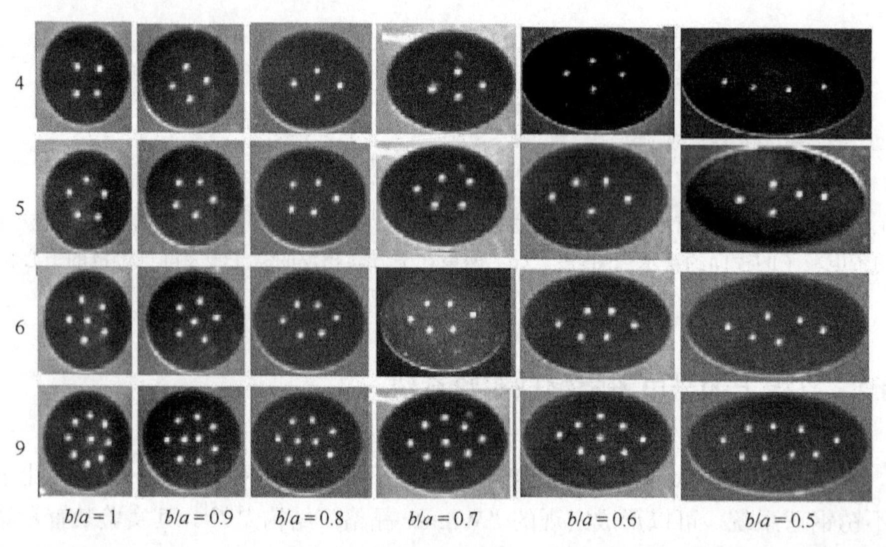

图 1.19　实验中观察到的在不同形状的圆形或椭圆形腔中的带电钢球系统形成的晶格结构[45]

由图 1.19 可知，带电钢球系统的结构在不同形状的约束腔下各不相同。在圆形腔中，带电钢球会形成较好的平面六角形结构[44]。这个实验系统中带电钢球之间的相互作用是库仑排斥势，受约束是抛物形。不同之处在于在该系统中带电粒子尺寸更大，更加接近宏观。而且钢球的尺寸大小、带电量以及约束作用都可以比较方便地进行人工控制。因而该系统是很好的进行“Wigner 晶格”观察和测量的实验系统[74]。另外，Jean 实验小组也将研究范围扩展到准一维，如研究了带电钢球约束在准一维环中的单行传播行为[75, 76]，类似于在胶体系统中的研究[11, 12]。

1.3.3　液体表面的铁磁性圆盘实验系统

2000 年 Whitesides 实验小组利用悬浮在液体表面的铁磁性圆盘系统观察到了宏观的“Wigner 晶格”结构[48]，而且在进一步工作中分析了铁磁性圆盘在此系统中的相互作用力和受到的约束势[49, 50]，阐明了此系统的结晶机理。图 1.20（a）是实验装置简图[49]。在这个实验中，他们在内径约 1mm、外径约 2mm 的聚乙烯管中掺入 5%～30%的磁铁，然后将细管切成约 400μm 的薄片，也就是实验中的铁磁性圆盘。将这些铁磁性圆盘放在配制的液体表面，使之悬浮在气液交界面。同时在整个装置的正下方 2～4cm 处放置一个长约 5.6cm、宽约 4cm、厚约 1cm 的永磁体，如图 1.20（a）所示。

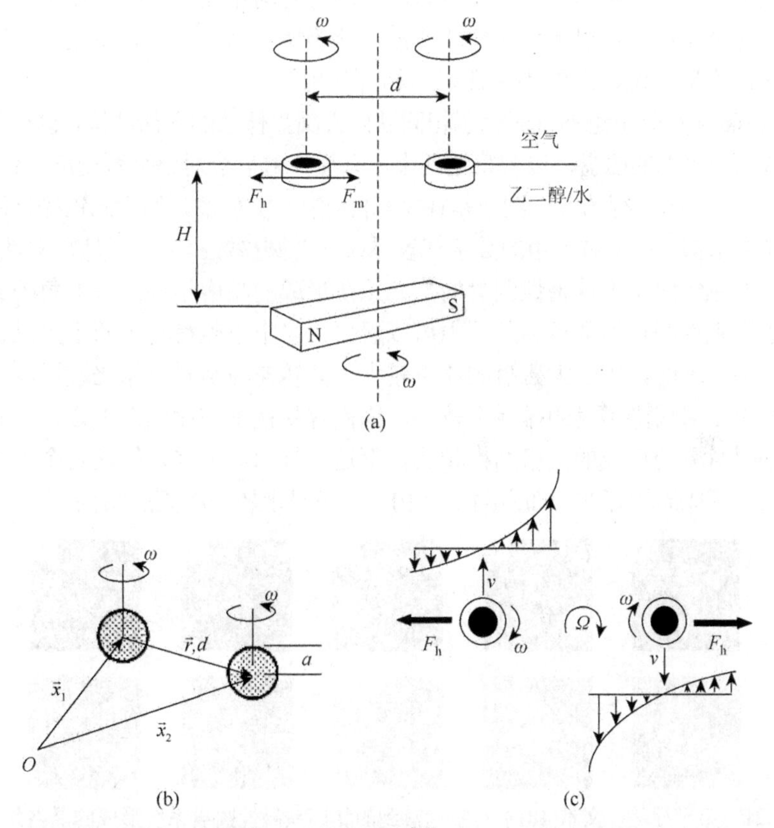

图 1.20　（a）液体表面铁磁性圆盘实验装置简图[49]；（b）旋转永磁体对铁磁性圆盘的抛物势作用示意图[49]；（c）两个悬浮在气液交界面的铁磁性圆盘所受排斥动水压力的示意图[49]

在图 1.20（a）的实验系统中，当永磁体静止不动时，铁磁圆盘之间相互吸引并且无规凝聚。当永磁体以匀速旋转时，上方的铁磁圆盘受到驱动，也将以相同转速绕各自的中心轴旋转。此时旋转的铁磁性圆盘受到轴对称电磁场的吸引作用，如图 1.20（a）中的 F_m 所示，而同时由于圆盘在液体表面旋转，又受到其他圆盘对其排斥性的动水压力的作用，如图 1.20（a）中的 F_h 所示。在这两个作用的相互竞争下，体系会达到平衡。

进一步分析这个体系的平衡机制，可以近似地认为轴对称的电磁场对径向，即液体表面上的铁磁性圆盘是一个抛物形的约束势作用，如图 1.20（b）所示。而两个圆盘之间相互排斥的动水压力，可以由图 1.20（c）得到很好的理解。在图 1.20（c）中，永磁体顺时针旋转，两个铁磁性圆盘也都各自绕中心轴顺时针旋转。图中左边圆盘在向左旋转时，会使周围液体产生一个相反的速度梯度，从而使液体对右边的圆盘产生一个向右的作用力。与此同时，右边的圆盘通过动水压力也会对左边的圆盘产生向左的作用力，因而表现为两个圆盘之间相互排斥的作用力。实验分析最后给出这个排斥力可以近似正比于 $1/r^3$ 的偶极矩作用[49]，因而在这个系统中可以提取出理论模型：抛物形外势 + 偶极矩相互作用。

Whitesides 实验小组不仅研究了相同铁磁性圆盘体系的平衡结构，也在其中加入了一个或两个较大的磁盘，以观察这两个“杂质”磁盘会对整个系统产生什么影响。如图 1.21 所示，第一行的各个图形是在文献[48]中实验观察到的相同铁磁性圆盘系统形成的晶格结构，图中右上角的数字代表系统的总圆盘数；第二行是在文献[49]中实验观察到的包含两个大铁磁性圆盘的二元系统形成的晶格结构，右上角的数字代表系统中小铁磁性圆盘的数目。从图中可以看出，多个小磁盘将这两个大磁盘围绕在中心。这很好理解，由于大磁盘的质量较大，其转速与小磁盘相比较慢，转速较慢的直接结果是对周围磁盘的排斥力较小，因而容易被小磁盘围在中心。同时与上边一行相同磁盘系统形成的晶格结构相比，下边一行图形中掺入的这两个大磁盘无疑破坏了之前形成的较好的平面六角形结构，而是呈现较好的壳层结构。

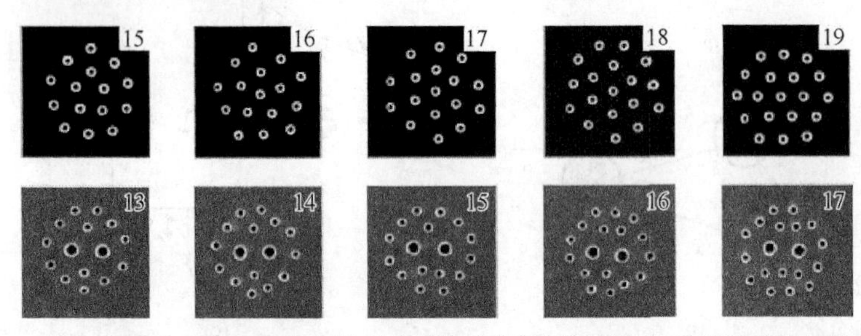

图 1.21　第一行是在文献[48]中实验观察到的相同铁磁性圆盘系统形成的晶格结构；第二行是在文献[49]中实验观察到的包含两个大铁磁性圆盘的二元系统形成的晶格结构

同时实验中也发现改变磁场强度或者永磁体与磁盘之间的距离可以改变约束势的大小，改变磁盘形状和永磁体的转速可以改变磁盘间排斥力的大小，从而可以在实验中很方便地控制各个参数，并形成各种条件下的晶格结构。在这个意义上，这种液体表面的铁磁转盘系统是一个研究“Wigner 晶格”或者多涡旋系统（multivortex flows）的很好的实验模型。另外有小组也对类似磁盘系统进行了研究[77, 78]，其中第二个工作是关于三维系统的。

1.3.4　激光冷却离子实验系统

Paul 阱（Paul trap）和 Penning 阱（Penning trap）是激光冷却离子的两种最主要的实验手段，是离子质谱仪的重要组成部分，已经广泛应用于研究离子的各种物理性质。其中，三维的四电极 Paul 阱装置是在直流（DC）和射频振荡交流电场（RF，AC）中约束激光冷却的离子，由 1989 年的诺贝尔物理学奖获得者之一 Wolfgang Paul 发明。图 1.22 是一个丹麦实验小组的 Paul 阱装置图[79]，图 1.22（b）中的电极中心部分［对应图 1.22（a）中标注的“$2Z_0$”］尺度为 5.4mm。而 Penning 阱是在静电场和强磁场中对激光冷却的离子进行约束。

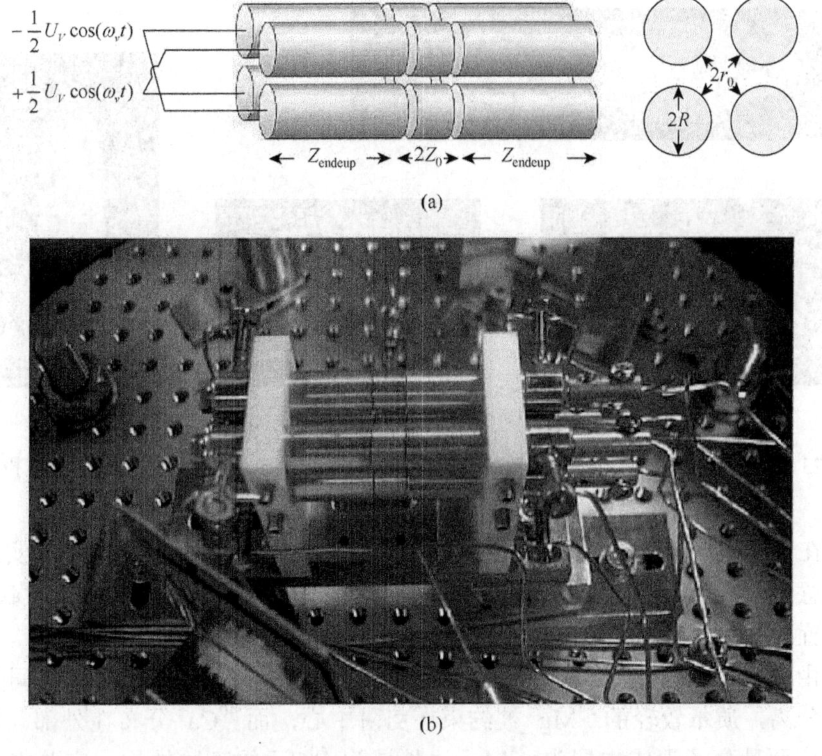

图 1.22　（a）四电极 Paul 阱的示意图[79]；（b）四电极 Paul 阱的实物图[79]

1987年在Paul阱中最早发现了激光冷却离子的结晶，即形成类似“Wigner晶格”的结构[43, 80]。这是由于形成离子晶格需要在0.01K的低温下，这个条件在激光冷却系统中可以实现。接着在Penning阱中也发现了类似的离子晶格[81, 82]。在Paul阱实验中，可以通过调节激光辐射功率或者改变射频电压强度来观察离子结晶现象，并第一次观察到7个$^{24}Mg^+$可以形成平面六角形的晶格结构[43]，且每个离子之间的平均距离约为23μm。当离子数增多时，在Paul阱中受径向抛物形约束的离子将在径向形成很好的壳层结构[79]，如图1.23（a）～（e）所示，图中标尺为300μm。经过进一步分析，离子间的相互作用可以近似成$1/r^3$的形式，因此这个系统在二维平面上与液体表面的铁磁性圆盘系统十分类似。

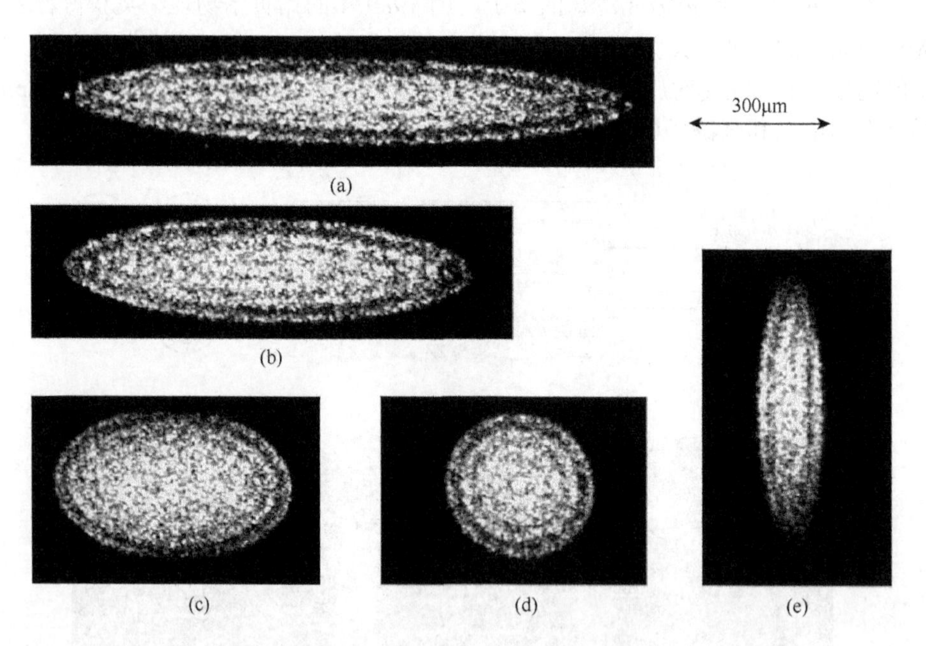

图1.23　实验中[79]约500个$^{24}Mg^+$在不同轴向势场的三维Paul阱中形成晶格的二维投影结构

在Paul阱中也继续研究了通入两种离子的实验[79, 83]。图1.24是其实验装置的示意图，其上部的插图是包含约75个$^{24}Mg^+$（中心位置）和120个$^{40}Ca^+$（外部位置）的二元体系形成的三维结构。

由图1.24中上部插图可见，由于质荷比的不同，两种离子将在空间分布上产生分离，质量较轻的$^{24}Mg^+$被约束在势阱中心，而$^{40}Ca^+$分布在外部。从径向看，这两种离子形成内层为$^{24}Mg^+$，外层为$^{40}Ca^+$的壳层结构。实验得到了在三种不同的轴向势阱中的二元离子体系的结构。结果显示在轴向改变的势阱并

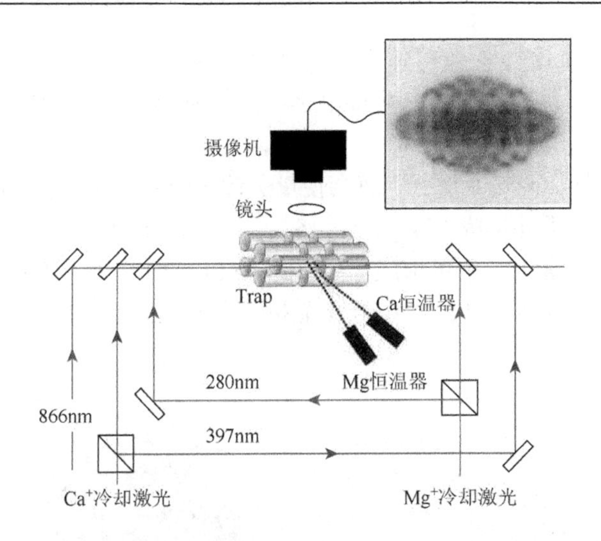

图 1.24　通入两种离子的四电极 Paul 阱的实验系统示意图[83]

不影响径向的离子分布，仍然是内层为 $^{24}Mg^{+}$ 外层为 $^{40}Ca^{+}$ 的壳层结构。这种不同离子的空间分布分离会在研究各种离子性质上有很好的应用，因而是很多实验工作者研究的热点。

1.3.5　量子点系统

量子点又称“人造原子”，是准零维的纳米材料，由少量的原子构成。一般来说，量子点的三个维度的尺寸都在 100nm 以下，外观恰似一极小的点状物，其内部电子在各方向上的运动都受到局限，所以量子局限效应特别显著。由于量子局限效应会使连续能带变成类似原子的不连续电子能级结构，因此量子点的光学行为与一些大分子（如多环芳香烃）很相似，可以发射荧光。量子点的用途相当广泛，如可用于蓝光辐射、光感测元件、单电子晶体、记忆储存、触媒以及量子计算等，在医疗上更利用各种荧光波长不同的量子点制成荧光标签，成为生物检测用的“纳米条码”。科学家已经发明许多不同的方法来制造量子点，并预期这种纳米材料在 21 世纪的纳米电子学上将有极大的应用潜力。

在此主要关注量子点的经典性质。量子点是人工制成的三个维度受约束的电子系统，真正原子中的电子是束缚在原子核周围的。而在人工制成的量子点中，电子系统被束缚在一个碗状的抛物势中，和真正原子中的电子相同，量子点中的电子也具有分立的能级。但是在这个人造的量子点中出现了真正原子中从未发现过的新奇现象。究其根源主要是在量子点中约束的势场是较平的抛物势，而在真正原子中是库仑势。较平的抛物势导致量子点中的电子密度降低，电子间距离增大。这样就使得体系的动能急剧减小，从而最后电子间长程的库仑作用占主导地位，因而就有可能达到 Wigner 预言的结晶阈值，从而形成“Wigner 晶格”结构。

另外，如果外加磁场足够强，就会使量子效应受到限制，也可能使电子间的库仑作用起决定性作用并形成“Wigner 晶格”[84]。如图 1.25 所示，含有 16 个电子的量子点系统在不同强磁场下可形成（4，12）、（5，11）、（6，10）和（1，5，10）的晶格结构，这与经典系统的“Wigner 晶格”十分类似。

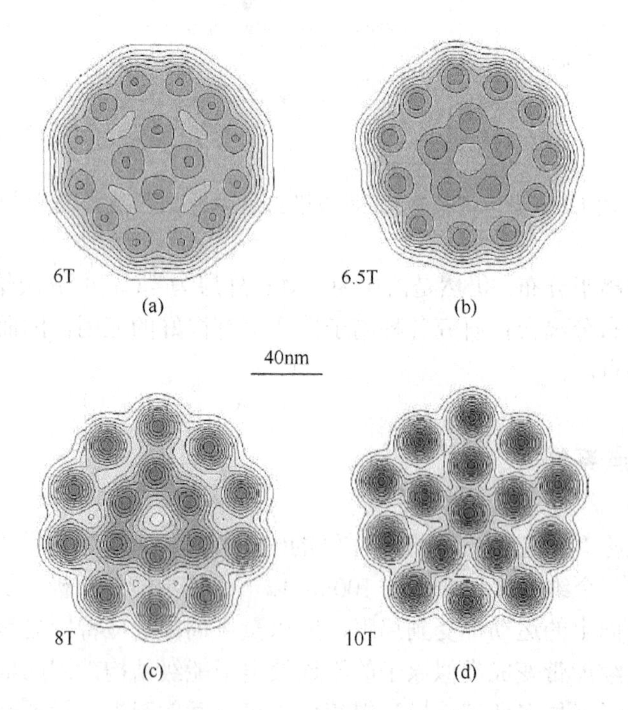

图 1.25　含有 16 个电子的量子点系统在不同强磁场下的电子密度分布图[84]

1.4　已有理论研究总结

1.3 节主要介绍了在各种实验系统中发现了类似的晶格结构，并展示了相应实验中所发现的一系列相关的静态、动力学实验现象。这些新奇的物理现象给理论工作者开启了一扇新的大门。在相关体系中，系统均可以近似为一个“约束外势 + 粒子间相互作用”的经典模型。实验中的约束外势可以是抛物形、圆形、椭圆形以及库仑势等，而粒子间的相互作用势可以是屏蔽库仑势、偶极矩势等作用势。在各种实验条件下，有不同的外势和粒子间相互作用的组合。对于理论工作来说，可以不受限制地将各种势组合，也可以将有限系统拓展到无限系统，因而也就有了大量的理论工作对这一经典模型各种物理性质的研究。这种低维胶体系统的结构、本征振动模式以及熔解等现象在实验中研究得最多，也是最受关注的物理性质。

接下来将介绍已有理论研究工作中的一些典型结果以及与相关实验进行对比。同时，以上的实验系统主要围绕二维平面上的各种现象展开，因而在理论工作方面也以介绍二维系统的结果为主。

1.4.1　基态结构

1994 年，比利时安特卫普大学的 Bedanov 和 Peeters 教授使用蒙特卡罗（Monte Carlo）方法对二维经典有限系统的有序结构和相变进行了系统的理论模拟[70]。建立了两个理论模型，其中一个是抛物形的约束外势，另一个是圆形硬壁约束外势，带电粒子间都以库仑作用相互排斥。抛物形外势对带电粒子的作用相当于外加一个正电荷背景，同时各种实验系统中的约束外势多数可以近似成抛物势，因而抛物势是理论工作中最常用的外部势场的形式。而圆形硬壁势是约束势中一个典型的极端条件，而且在实验中实现起来相对方便很多，因此也是理论工作中常选用的外势形式。

首先对受抛物势约束的体系研究发现，含带电粒子数目较少的小体系形成的有序结构更接近于一圈一圈的壳层结构。对于含粒子数目较多的大体系来说，中心区域的粒子会形成很好的平面六角形结构，而在外部，即靠近边界的粒子则形成明显的壳层结构，如图 1.26（a）所示。此图是 230 个带电粒子在抛物形外势中所形成的有序结构的泰森多边形图（Voronoi），从中可以看出中心区域的粒子形成六配位的平面六角形结构（hexagonal），在边界的粒子出现七配位和五配位的情况，形成了有形变的平面六角形结构。

图 1.26（c）中还进一步分析了粒子在每个壳层上的平均距离，横轴代表壳层的序号（从内到外排序），纵轴代表在相应壳层上粒子间的平均距离。图中每条曲线旁边标出的数字代表这条曲线对应体系的总粒子数，其中每个曲线对应一个含有固定粒子数目的系统。例如，对应总粒子数为 230 的系统的曲线，每个壳层上的平均粒子距离随着壳层从内到外的排布而增大，也就是粒子密度从内到外依次减小，该规律同样适用于图 1.26（c）中的其他具有不同粒子数的体系。仅在特别小的体系中，如 $N=7$ 的体系，其粒子之间的平均距离不随壳层位置的变化而变化。这与无限系统的平均排布是不同的。有限系统和无限系统最大的差别在于前者有边界，有外势的约束。因而有限体系的各种性质都会受到外界约束的影响。

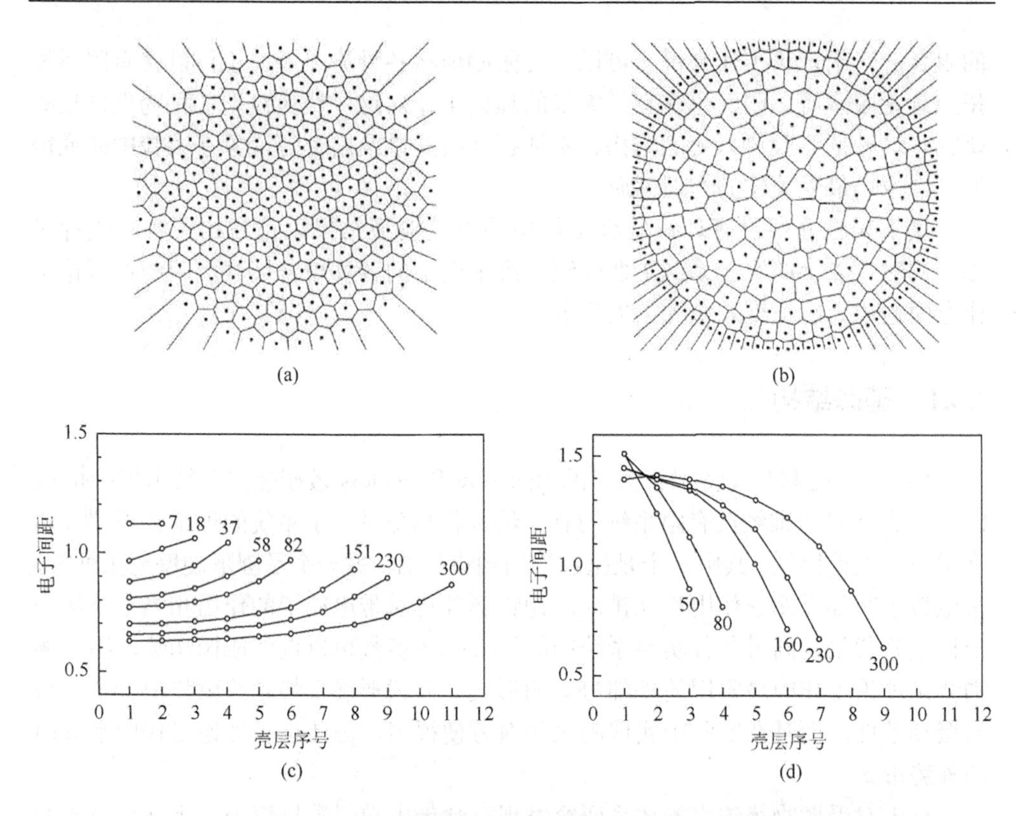

图 1.26　(a) 为抛物势中 $N = 230$ 体系的泰森多边形图；(b) 为圆形硬壁势中 $N = 230$ 体系的泰森多边形图；(c) 为抛物势中不同系统在每一壳层的平均粒子间距；(d) 为圆形硬壁势中不同系统在每一壳层的平均粒子间距[70]

在研究体系中，抛物形的外势是圆形对称的势，作用在粒子上后使其形成壳层（圆圈）状排布，而伴随抛物势约束的电子间的强关联作用则使之形成平面六角形结构，因而这两个作用之间存在竞争。对于小体系，粒子间相互作用较少，其主要受约束外势的作用，因而呈壳层结构。对于大体系，因为大部分粒子被约束在中心区域而导致该区域的电子间相互作用很强，从而形成平面六角形的构型，也就导致内部粒子密度较大的现象。处在外部的粒子则情况相反。在这个工作中[70]，还计算了体系粒子数为 230 的径向分布函数，在靠近边界的区域的尖峰更直观地显示了外层粒子排布的壳层特征。与此同时，通过类比元素周期表的方法，研究了随着粒子数的增多，壳层结构的形成过程。得到了粒子首先出现在中心，并逐渐向外推移，以及处在最内壳层（第一壳层）的粒子数不超过 5 个等一系列规律。

接着在研究圆形硬壁势约束中的体系时发现，其性质与抛物势中的体系很不相同。图 1.26 (b) 给出了同样粒子数为 230 的带电粒子体系在硬壁势中的泰森多边形图。比较图 1.26（a）与图 1.26（b）可以发现，硬壁势中系统结构的壳层特征更加明显，而且外部粒子密度明显高于内部。这是由于被强制限域在圆形硬壁中的带电粒子体系，没有了类似于正电荷背景的约束，电子间的相互排斥力导致了粒子将优先占据在最外部（即紧贴在硬壁上），当外部粒子超过一定数目之后才将后来的粒子推进内部，形成新的壳层，这个壳层形成顺序与抛物势系统相反，粒子排布密度也相反。图 1.26（d）中更直观地给出硬壁势中不同壳层上的粒子间距变化图，与（c）图形成明显对比。由此可见约束势对体系具有重要作用，在不同约束势中的体系，其各方面性质也有很大差异。

在此后，孔明辉等理论工作者又将研究进一步深入，不仅系统模拟了硬壁势中带电粒子系统的基态结构和振动模式[85, 86]，还研究了抛物势约束中的经典粒子体系的拓扑缺陷[87-90]、体系基态和亚稳态之间的过渡态[91]以及杂质粒子的引入对体系结构和振动模式的影响[92, 93]等。另外还有理论研究了各向异性的抛物势中[94, 95]、对数势约束中[96]、外加微扰的抛物势约束中[97]的带电粒子体系，同时还将研究范围扩展到双层体系[98, 99]和三维空间[100-102]。

近年来实验中越来越关注含有不同种粒子的二元经典有限粒子体系[10, 79, 83]，理论工作对二元体系的研究也开始越来越多[103-106]，甚至已经扩展到多元体系[107]。其中一个典型的工作是 Drocco 等对二元粒子体系在抛物形外势约束中的数值模拟，粒子间是长程的库仑相互作用[103]。这个二元系统中包含两种粒子，两种粒子质量相同、带电量不同，其中带较多电量的大粒子所带电量是小粒子的两倍。通过分子动力学的方法先将体系升至高温，然后缓慢退火到 0K，得到基态结构，再逐渐升温以研究体系的熔解性质。

图 1.27 中是其数值模拟得到的一些二元系统的典型基态构型。图中实心大点代表带两倍电量的大粒子，实心小点则表示带单倍电量的小粒子。图 1.27（a）～（d）中，大粒子数目为 5 个，（e）～（h）中大粒子数目是 6 个，（i）～（l）中大粒子数目是 7 个。图 1.27（a）～（l）中小粒子数目分别是 6、8、11、31、7、12、19、30、8、19、22、24。在这些二元体系中，可以看到大粒子和小粒子之间有明显的分离，且大粒子总是占据在最外层，即图中实心大点总占据最外层。这是由于体系中粒子间是长程的库仑排斥作用，于是电量较大的粒子将被排斥到最远以达到整个体系的能量最低状态，即基态。与此同时，小粒子处在中心区域，从而使得两种粒子分离。该结论与硬壁势约束中二元系统的实验结果有所不同[10]，正如在硬壁势的一元系统与抛物势中的一元系统也有很大差别一样。正是在抛物势中二元系统的理论工作[103]和硬壁势约束中二元系统的实验[10]两者共同的启发下，接下来将系统研究在硬壁势约束中二元胶体粒子体系的基态结构和本征振动模式，并将体系扩展到质量不同且带电量不同的二元系统，这部分内容将在第 4 章中给出详细讨论。

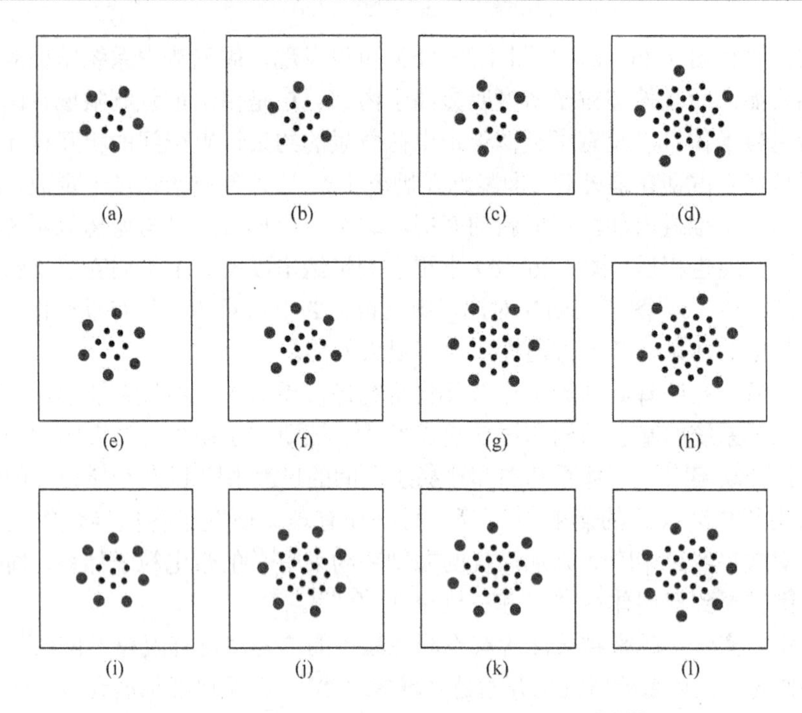

图 1.27 抛物势中二元体系的典型基态构型[103]

另外，抛物势约束中的经典胶体系统一直是研究的重点。不论是 Drocco 等 [103] 对带电量不同的两种粒子组成的二元系统的研究，还是中国科学院物理研究所的刘艳红等 [107]对多元体系结构的讨论，都激发人们对抛物势中的二元和多元系统进行更深入、系统的探索。本书第 3 章将详细介绍约束在抛物势中的二元和多元低维胶体体系的理论研究，具体研究将粒子类型扩展到质量不同以及电荷不同，同时也将讨论多元系统的本征振动模式。

最近准一维经典有限体系也是实验和理论研究的热点。在其中两个工作[108, 109]中，Doyle 等系统研究了限域在两个长平行硬壁板，即一个准一维细管中的磁性粒子系统，其中粒子间是互相排斥的磁偶极矩作用，其正比于 $1/r^3$。其建立的数值模型中，在平行于细管的两个硬壁的 x 方向运用周期性边界条件，同时粒子被局域在垂直于管壁的 y 方向上。使用布朗运动法将系统退火到 0.02K，然后去掉运动方程中的随机涨落以达到 0K，即基态。模拟过程中忽略粒子本身直径的影响，即把粒子看成质点，不考虑其形状大小。

图 1.28 是数值模拟得到的不同宽度细管约束中二元系统的典型基态构型。图 1.28（a）～（d）中系统的平均粒子数密度都为 0.0462（无量纲值），对应细管的无量纲宽度分别为 3.46、4、4.15 和 4.62。与圆形硬壁势的原理相同，由于不存在正电荷背景的约束，粒子相互间的排斥作用使得粒子优先出现在边界处，

即紧贴在准一维的硬壁上。因而在图 1.28（a）～（d）中可以看到，紧贴硬壁的粒子密度，即在壁上的粒子密度大于内部的粒子密度。同时图中还标注出了各个构型的缺陷结构分析，其中圆圈代表在内部六配位或在壁上四配位的粒子，实心圆点代表在内部五配位或在壁上三配位的缺陷粒子，叉号代表在内部七配位或在内部五配位的缺陷粒子。图 1.28（a）～（d）中，随着细管宽度的增加，粒子在细管内形成的层数增多，但其缺陷结构并不是单调变化的，而是一个少—多—多—少的振荡变化过程。这个结论在相应实验中得到了很好的验证[16]。缺陷结构直接决定了其动力学的不稳定性，图 1.28（e）～（h）就是（a）～（d）对应的粒子系统在一定时间范围内的运动轨迹。可见包含缺陷较多的粒子体系（b）和（c）对应的运动轨迹（f）和（g）中的内部粒子已呈现液态性质。而外部粒子由于受到硬壁 y 方向的约束，只能在 x 方向振动，因而仍然表现为较好的晶格结构。

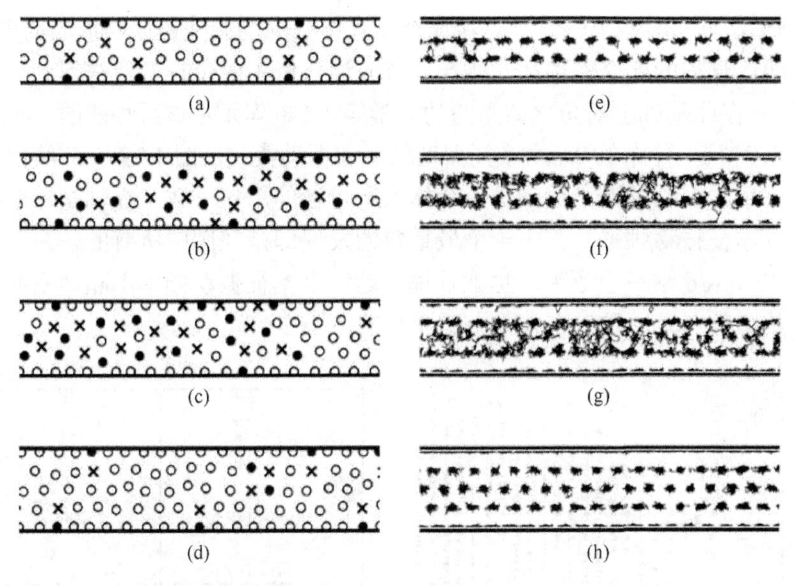

图 1.28　（a）～（d）准一维硬壁约束中二元体系的典型基态构型；（e）～（h）对应（a）～（d）体系的运动轨迹[109]

Doyle 等还进一步系统分析了体系缺陷密度随细管宽度增加的振荡变化情况，并讨论了细管宽度在超过一定值之后将表现出无限二维系统的特性。还有随着细管宽度增加，硬壁上粒子密度与内部粒子密度变化的情况等。

在研究准一维硬壁势约束中的经典有限系统的同时，也有对准一维抛物势约束中的有限系统的研究工作[110, 111]。其中，在 Piacente 等的工作中[110]，其准一维有限经典模型中粒子间相互作用是屏蔽库仑势。随着系统粒子密度和屏蔽长度的变化，给出一个系统结构相变的相图。同时还解析推导了在这种准一维系统中的本征振动频谱。W. P. Ferreira 等在此基础上将研究范围扩展到准一维抛物势约束中的二元系统[111]，包含两种带电量不同的经典粒子。

1.4.2 本征振动模式

在研究此类有限经典系统的基态结构基础上，大部分理论研究工作也同时进行了对其本征振动模式的研究。对抛物势和圆形硬壁势约束中的二维同种粒子系统本征振动模式的研究已经比较成熟，有了比较通用的规律和结论。尤其是对于抛物势约束中的体系，在合适的粒子相互作用形式下，其某些本征振动模式可以解析推出。下面介绍在抛物势约束和硬壁势约束中同种粒子体系本征振动模式的一些最基本的规律，这些规律是研究其他更复杂体系的基础，带有一定的普适性。

在已有的理论工作中，F. M. Peeters 等对抛物势约束中二维一元体系本征振动模式的研究是一个典型工作[112]。在这个工作中建立的模型是抛物形的约束外势，且粒子间以长程的库仑作用相互排斥。首先通过修正的牛顿迭代法得到体系的基态构型，并在此基础上对角化体系的动力学矩阵（矩阵元是体系势能的二阶偏导），最后得出 N 粒子体系的 $2N$ 个本征振动频率和振动模式。图 1.29（a）给出了不同粒子数体系的振动频谱。横轴是每个体系所包含的总粒子数，纵轴是每个体系对应的所有本征振动频率。其中一个最重要的发现即是在图中所有的体系中，都存在 0、$\sqrt{2}$、$\sqrt{6}$ 这三个频率。也就是说，这三个本征振动频率不随体系的大小而改变，是这类二元同种粒子体系中所固有的。

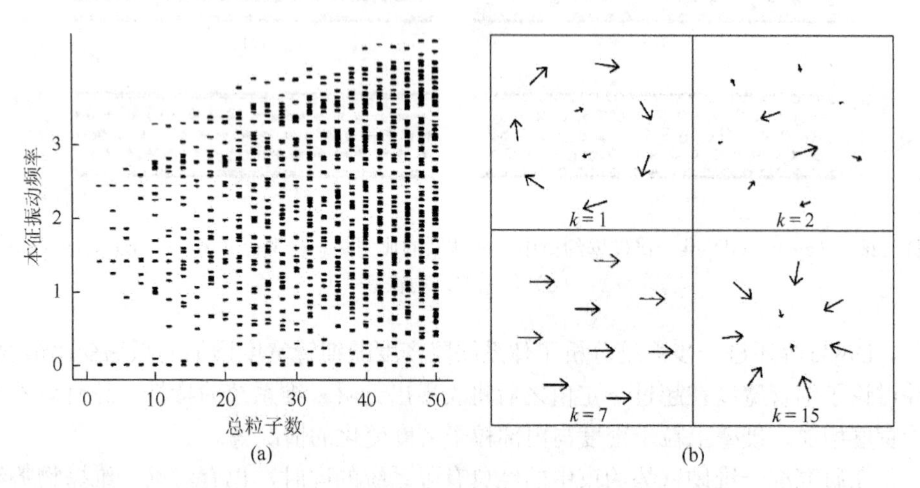

图 1.29 （a）含有不同粒子数体系的振动频谱[112]；（b）$N = 9$ 体系的四个本征振动模式矢量图[112]

这三个振动频率分别对应三种本征的振动模式：

（1）频率为 0 时，对应体系中所有粒子的整体转动，因为所有轴对称系统都可以产生一个整体转动的振动模式。例如，在图 1.29（b）中列出了 9 个粒子体系的典型振动矢量图，其中 k 代表体系的本征模式的排列序数，按对应本征频率从小到大排列。所以 $k=1$ 代表体系的第一个振动模式，也就是频率最低的模式，即对应频率为零的振动矢量，对应 9 个粒子的整体转动。

（2）频率为 $\sqrt{2}$ 时，对应二重简并的质心运动，如图 1.29（b）中的“$k=7$”振动矢量图所示。

（3）频率为 $\sqrt{6}$ 时，是均方半径（mean square radius）为 $N^{-1}\sum_i x_i^2+y_i^2$ 的呼吸模式，对应图 1.29（b）中“$k=15$”振动矢量图。

这三个固有的本征振动频率也可以通过解析过程得出[113]。

另外，体系的第二个本征振动模式（$k=2$ 时），即对应最低不为零振动频率（lowest non-zero frequency，LNF）的振动模式，是表征体系结构是否稳定的一个重要参数，因而在文献[112]中对其也进行了详细的讨论。通过分析发现，含有粒子数较少的小体系（$N<39$）的 LNF 振动模式一般是壳层间的相对角向旋转，如图 1.30 中 19 粒子体系和 20 粒子体系的 LNF 振动矢量图所示。

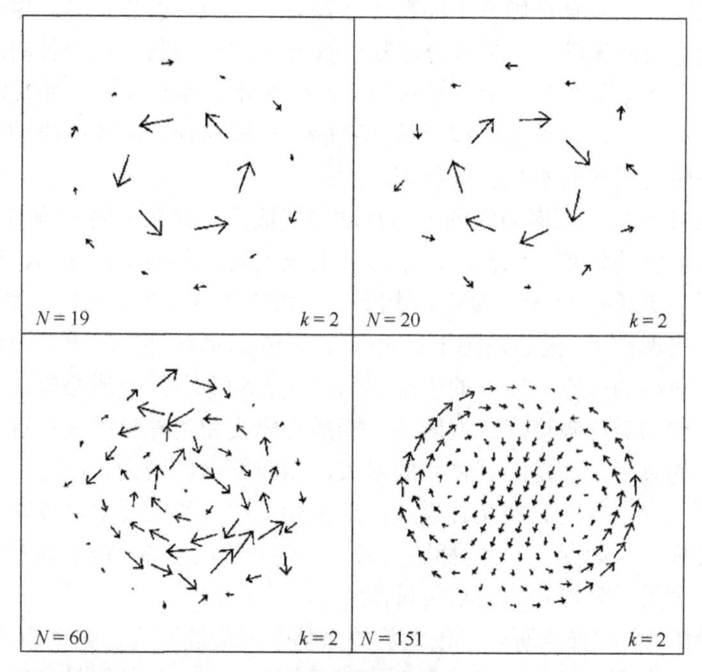

图 1.30　总粒子数为 19、20、60、151 的同种粒子体系对应的 LNF 振动模式矢量图[112]

如图 1.30 中 19 粒子体系和 20 粒子体系的 LNF 振动矢量图所示，虽然这两个体系的相对角向旋转矢量图显示基本一致，但其对应的本征频率却相差三个数量级。图中所示 19 粒子体系的最低不为零振动频率 LNF 为 0.6676，而 20 粒子体系的 LNF 为 1.031×10^{-4}。很明显可以得出，19 粒子体系形成的壳层结构（1，6，12）比 20 粒子体系的壳层结构（1，7，12）稳定得多。类似的稳定结构也出现在 12 粒子体系（3，9）、16 粒子体系（1，5，10）、22 粒子体系（2，8，12）以及 30 粒子体系（5，10，15）等类似的体系中。

从中可以得出规律：当处在体系中各外部壳层上的粒子数是内部壳层粒子数（>1）的整数倍时，一般对应 LNF 较高，形成较稳定的结构，构成一个“幻数”体系。这个结论是由体系的轴对称性所决定的。对于含有超过 100 个粒子的大体系来说，其最低不为零振动模式包含涡旋对的激发，如图 1.30 中 151 粒子体系的振动矢量图所示。而位于中间的中等粒子体系的最低不为零振动模式则较不规律，如图 1.30 中 60 粒子体系的最低不为零振动模式，其在部分区域呈壳层间的相对旋转。

以上是对抛物势场中的库仑相互作用体系本征振动模式的一些基本规律的简单介绍。对于圆形硬壁势约束中的二维一元库仑相互作用体系的本征振动模式，孔明辉等做了很系统的分析和研究[85]。在圆形硬壁势中研究体系的振动模式有一个很重要的特点：紧贴在硬壁上的粒子在径向的振动是被禁止的，也就是最外层的粒子只能做角向振动。如果最外层粒子数为 N_e 个，则有 N_e 个径向的振动模式被冻结，在这个前提下 N 粒子体系对应 $2N–N_e$ 个本征振动模式。图 1.31 是通过对角化体系的动力学矩阵得到的粒子数体系的本征振动频谱，图中横轴是体系的总粒子数，纵轴为相应的本征振动频率。

由图 1.31 可知，频率为零的整体转动模式依然是体系的固有频率，因为这个体系也是轴对称的体系。同样，由于边界上粒子的径向振动被冻结，所以只能考虑中心粒子的类质心（CM）模式和类呼吸（BM）模式。当体系粒子数 N>16 时，开始在中心出现粒子，因而在图 1.31 中对 N>16 的体系都标注出了类质心模式和类呼吸模式对应的频率。图中的中空三角形代表频谱中的类质心模式，中空五角形代表频谱中的类呼吸模式。很明显，类质心模式和类呼吸模式在这种系统中已经不是固有的频率，而是随着体系的增大，相应频率也增大。同时，原来在抛物势约束的系统中二重简并的质心模式，这里发现在有的系统中可以存在接近四重简并的质心模式，如图 1.31 的插图（a）～（e）给出了 35 粒子体系的四个类质心模式和一个类呼吸模式的振动矢量图。

在文献[85]中同样也研究了硬壁势约束体系的最低不为零振动模式（LNF）。该类体系不论大小，LNF 对应的振动模式都基本一样：最外层粒子的旋转方向与剩余内层粒子的旋转方向相反，即最外层粒子与所有内层粒子之间的壳层间角向

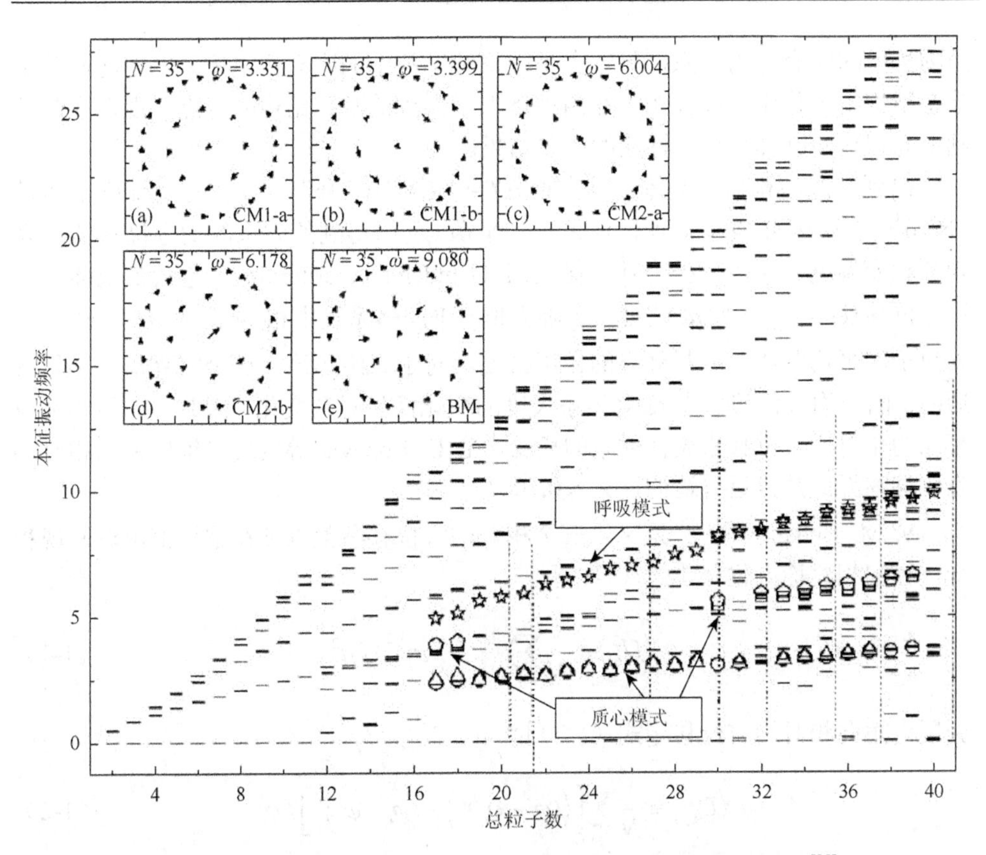

图 1.31　总粒子数为 2～40 的同种粒子体系对应的本征振动频谱[85]

相对旋转。这个规律是十分容易理解的。硬壁的圆形对称性使得其中的粒子系统形成圆圈形的壳层结构，加上体系角动量守恒的限制，在此基础上最容易的非零振动即是壳层间的相对转动。由此可见外势对系统本征振动性质的影响是十分明显的。

1.4.3　熔解性质

对任何凝聚态物理体系来说，熔解现象是其中一个最基础的现象，也是最基础的物理性质之一。在众多的理论工作中，基本都对此类体系的熔解现象进行了研究。同时在不同的实验体系下也观察到了各异的相变过程，如在圆形硬壁势中胶体晶格熔解的重入现象[1]，复杂等离子体中观察到“尘埃”粒子数目较少的小体系的角向无序[57]等。

在 V. M. Bedanov 等的工作中[70]，使用蒙特卡罗方法对两种经典有限胶体系统的有序结构和相变进行了系统的理论模拟。建立了两个理论模型，其中一个是抛物势中的库仑作用体系，另一个是圆形硬壁势中的库仑作用体系。在前面关于基态结构的工作中已经介绍了在两种体系中得到的基态结构的特点，现在在此基础上介绍这两种体系熔解性质的主要结果。

得到基态结构后，给体系以步长 $\Delta T = 1.6\times10^{-3}$ 升温，并在每个温度下通过 $1\times10^4\sim5\times10^4$ 步蒙特卡罗使体系达到平衡。利用得到的体系的均方位移情况来判断相变温度。所用判据为林德曼判据（Lindemann criterion），也就是说体系的均方位移 $\langle U^2\rangle = \langle \Delta r^2\rangle / a^2$ 超过一个临界值 γ^c 时，体系发生相变。这里 $a = (\pi n)^{-1/2}$ 代表粒子间平均距离，n 是体系的粒子密度。对于二维体系，这个临界值并不是普适的，因为均方位移 $\langle U^2\rangle$ 随着体系尺度的变化而呈对数变化。因此考虑用相邻粒子间的相对均方位移来表征体系的相变。Y. E. Lozovik 等发现二维体系的相对均方位移临界值是接近普适的，$\gamma^c \approx 0.10$ 。

V. M. Bedanov 等 [70]定义了三个相对均方位移参数以期在临界值附近发现相变。径向相对均方位移［式（1-1）］：

$$\left\langle U_{\mathrm{R}}^2\right\rangle \equiv \frac{1}{N}\sum_{i=1}^{N}\left(\left\langle r_i^2\right\rangle - \left\langle r_i\right\rangle^2\right) / a^2 \tag{1-1}$$

壳层内角向相对均方位移［式（1-2）］：

$$\left\langle U_{\mathrm{a_1}}^2\right\rangle \equiv \frac{1}{N}\sum_{i=1}^{N}\left[\left\langle (\varphi_i - \varphi_{i_1})^2\right\rangle - \left\langle \varphi_i - \varphi_{i_1}\right\rangle^2\right] / \varphi_0^2 \tag{1-2}$$

壳层间角向相对均方位移［式（1-3）］：

$$\left\langle U_{\mathrm{a_2}}^2\right\rangle \equiv \frac{1}{N}\sum_{i=1}^{N}\left[\left\langle (\varphi_i - \varphi_{i_2})^2\right\rangle - \left\langle \varphi_i - \varphi_{i_2}\right\rangle^2\right] / \varphi_0^2 \tag{1-3}$$

其中，i_1 为第 i 个粒子在同一壳层中的最近邻粒子；i_2 为其在最近邻壳层中的最近邻粒子；$2\varphi_0 = 2\pi / N_{\mathrm{R}}$，为在含 N_{R} 个粒子数的壳层上的角向平均值；$\langle\ \rangle$ 代表对同一温度下得到的所有不同蒙特卡罗构型求平均。

图 1.32 是得到的典型结果，是不同体系的径向相对均方位移 $\langle U_{\mathrm{R}}^2\rangle$、壳层内角向相对均方位移 $\langle U_{\mathrm{a_1}}^2\rangle$ 以及壳层间角向相对均方位移 $\langle U_{\mathrm{a_2}}^2\rangle$ 随温度的变化曲线。图 1.32（a）和（b）分别对应抛物势约束中的 26 粒子体系和 230 粒子体系，图 1.32（c）对应圆形硬壁势中的 230 粒子体系。图 1.32（a）和（c）中的圆圈曲线代表最内层粒子的各个相对均方位移随温度的变化曲线，实心三角曲线对应最外层粒子的曲线；（b）中圆圈、空心三角、实心三角曲线分别对应体系的最内层、最外层、第六层粒子的曲线。首先看一下各个体系是在角向还是径向首先发生相变。图 1.32（a）的抛物势中含 26 个粒子的小体系最先在壳层间的角向相对

均方位移$\langle U_{a_2}^2 \rangle$上有突变，也就是首先发生了壳层间的角向无序，这与实验中观察到的复杂等离子体中小体系的熔解现象是一致的。图 1.32（b）中的情况有所不同，可以看出，抛物势中含 230 个粒子的大体系在径向和角向几乎同时相变，且$\langle U_R^2 \rangle$和$\langle U_{a_1}^2 \rangle$的临界值接近 0.05，这与无限二维系统的普适临界值$\gamma^c \approx 0.10$是相符的。因为$\langle U_R^2 \rangle$和$\langle U_{a_1}^2 \rangle$分别代表体系的径向和角向相对位移，两者相加的结果即是体系的临界值$\gamma^c = 0.10$。包含 230 个粒子的大体系已经接近呈现无限系统的动力学性质。

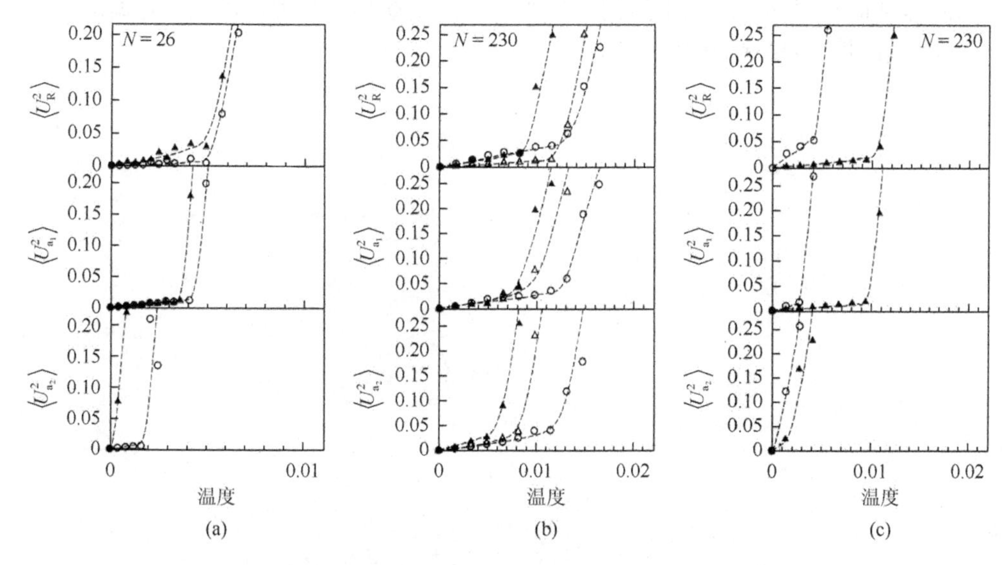

图 1.32　不同体系的$\langle U_R^2 \rangle$、$\langle U_{a_1}^2 \rangle$、$\langle U_{a_2}^2 \rangle$随温度的变化曲线[70]

除此之外，比较体系中各个壳层之间的相变顺序。在图 1.32（a）抛物势中的小体系中最外层粒子先发生相变，接着是最内层的粒子。这与硬壁势中的情形恰恰相反，图 1.32（c）中是最内层先熔解，然后才是最外层。这是十分容易理解的，抛物势约束的体系粒子排布外部稀疏、内部密集，内层粒子受约束较大，较不容易熔解，所以密度较低的外层粒子先熔。硬壁势中密度较大的外层粒子的径向振动受到冻结，也就是受硬壁约束最大，因而是密度较小的内层粒子先熔解。与图 1.32（a）、（c）相比，（b）中抛物势中的 230 粒子体系表现出独特的性质，因为既不是内层也不是外层先熔解，而是第六层的粒子首先发生相变，然后是外层，最后是内层。这个现象在文献[87]中有详细的讨论，证实是由大体系中间层的缺陷结构导致的中间层粒子首先无序。在图 1.32（c）的硬壁势体系中并没有观察到熔解的重入现象，有可能是其温度步长没有达到足够小所导致的。

另外还有很多工作对此类二维同种粒子有限系统的相变做了系统的研究[114-117]。与此同时，研究体系的范围也从一元体系扩大到二元体系[103, 118, 119]，以及从二维体系到三维体系[100, 120]及准一维体系[108, 109]等。

综上所述，本书主要研究低维胶体系统的数值模拟工作，主要通过将低维胶体系统简化为经典相互作用下的“Wigner 晶格”体系进行研究。结合不同的实验系统，以及“外势 + 相互作用”的理论模型，接下来各章主要对以下四种系统进行系统的理论研究：抛物势约束中的低维胶体系统、圆形硬壁势约束中的低维胶体系统、抛物势约束中的自泳胶体系统、硬壁势约束中的自泳胶体系统。主要研究内容包括不同体系的基态结构、相图、本征振动频谱和振动模式以及熔解、相变等一系列静态和动力学性质。

第 2 章　分子模拟算法

2.1　基本理论模型

本书的研究对象是低维的胶体系统，首先证明介观或宏观的胶体系统（相互作用系统）可以用经典的理论方法进行研究。

在第 1 章中已讲述了对所研究的胶体系统可以建立一个“外势 + 粒子间相互作用”的理论模型。该理论模型不仅适用于介观或宏观体系，如胶体体系、复杂等离子体等，也适用于一定条件下的量子体系，如量子点中的电子系统。下面先从量子点系统出发，分析在何种条件下量子体系可以用经典近似进行模拟。

2.1.1　经典近似

在量子点系统中，N 个电子相互间以库仑相互作用排斥，并被约束在一个抛物形的势阱中。这个体系的总哈密顿量（Hamiltonian）则是

$$H = -\sum_{i=1}^{N}\frac{\hbar^2}{2m}\nabla_i^2 + \sum_{i=1}^{N}\frac{1}{2}m\omega_0^2 r_i^2 + \frac{e^2}{\varepsilon}\sum_{i=1}^{N-1}\sum_{j=i+1}^{N}\frac{1}{|\boldsymbol{r}_i - \boldsymbol{r}_j|} \tag{2-1}$$

其中，m 为电子的有效质量；ε 为电子所在介质的介电常数；$r_i = (x_i, y_i)$代表第 i 个电子的位置；ω_0 为约束抛物势的振荡频率强度。选取 $a_0 = \sqrt{\hbar / m\omega_0}$ 作为单位长度，$\hbar\omega_0$ 作为单位能量，可以将式（2-1）中的哈密顿量化成以下无量纲的形式：

$$H = -\frac{1}{2}\sum_{i=1}^{N}\nabla_i^2 + \frac{1}{2}\sum_{i=1}^{N} r_i^2 + \beta\sum_{i=1}^{N-1}\sum_{j=i+1}^{N}\frac{1}{|\boldsymbol{r}_i - \boldsymbol{r}_j|} \tag{2-2}$$

其中，β 为无量纲的电子间耦合系数（electron-coupling constant），且 $\beta = \sqrt{e^4 m / (\varepsilon^2\hbar^3\omega_0)} = \sqrt{e^4 m / (\varepsilon^2\hbar^2) / \hbar\omega_0} = a_0 / a_{\mathrm{B}}$，$a_{\mathrm{B}} = \varepsilon\hbar^2 / me^2$ 是表征电子间作用强度的有效玻尔半径。在约束较强的小量子体系中，约束频率 ω_0 很大，从而使电子间耦合系数 β 很小。在小 β 情况下，可以忽略电子间的相互作用或者把电子间相互作用作为微扰，从而体系可以化简成无相互作用粒子在简谐振荡势阱中的简单量子问题。而我们所关注的是 β 较大时的量子体系。当将体系的长度进行重新标定后，即 $r \to \beta r$，式（2-2）的哈密顿量可变为

$$H = -\frac{1}{2\beta^2}\sum_{i=1}^{N}\nabla_i^2 + \frac{\beta^2}{2}\sum_{i=1}^{N}r_i^2 + \sum_{i=1}^{N-1}\sum_{j=i+1}^{N}\frac{1}{|\boldsymbol{r}_i - \boldsymbol{r}_j|} \tag{2-3}$$

从式（2-3）可知，在 β 值很大时，动能项趋近于零，可以忽略不计。在此极限条件下就使得量子体系近似成经典体系，在此经典体系中，各个电子可以看成单个粒子，并通过最小化体系势能得到体系基态。由此可知，在弱约束（ω 很小）的量子体系或者在带电量很大的介观或宏观体系中，都可以将体系作经典近似。

2.1.2 抛物势约束系统的基本理论模型

依据相应实验，主要关注在两种约束势中的胶体体系。第一种是抛物势，第二种是极限的硬壁势。首先考虑抛物势约束中的体系，其基态哈密顿量只包含体系势能，即

$$H = \sum_{i=1}^{N}\frac{1}{2}m\omega_0^2\boldsymbol{r}_i^2 + \frac{e^2}{\varepsilon}\sum_{i=1}^{N-1}\sum_{j=i+1}^{N}\frac{1}{|\boldsymbol{r}_i - \boldsymbol{r}_j|^{n'}} \tag{2-4}$$

在具体工作中，可以分别考虑 $n' = 1$，2，3 三种不同的粒子间相互作用。在该理论模型中通过 $E_0 = m\omega_0^2 r_0^2 / 2 = e^2 / \varepsilon r_0^{n'}$ 可以引入单位长度 $r_0 = (e^2/\varepsilon)^{1/(n'+2)}(m\omega_0^2/2)^{-1/(n'+2)}$ 和单位能量 $E_0 = m\omega_0^2 r_0^2 / 2 = (e^2/\varepsilon)^{2/(n'+2)}(m\omega_0^2/2)^{n'/(n'+2)}$。于是式（2-4）可化简为

$$H = \sum_{i=1}^{N}\boldsymbol{r}_i^2 + \sum_{i=1}^{N-1}\sum_{j=i+1}^{N}\frac{1}{|\boldsymbol{r}_i - \boldsymbol{r}_j|^{n'}} \tag{2-5}$$

因此，体系的基态能量仅与体系总粒子数目 N 有关，与约束强度 ω_0、每个粒子的带电量以及它们所在的介质都没有关系，从而具有普适性。在此同种粒子体系的基础上，将研究扩展到多元粒子体系，即包含多种不同电荷、不同质量的粒子体系，其具体模型将在下面进行详细介绍。

2.1.3 硬壁势约束系统的基本理论模型

硬壁势是另外一个重要的约束势模型。硬壁势可以看成是势场 $V(r) = r^n$ 在 $n \to \infty$ 的极限情况，因而在本节的讨论中以 r^n 来表征硬壁势。同时粒子间以 $1/r^{n'}$ 形式的作用势相互作用；则体系基态哈密顿量为

$$H = \sum_{i=1}^{N}\frac{1}{2}m\omega_0^2 R^2\left(\frac{\boldsymbol{r}_i}{R}\right)^n + \frac{e^2}{\varepsilon R}\sum_{i>j}^{N}\frac{R^{n'}}{|\boldsymbol{r}_i - \boldsymbol{r}_j|^{n'}} \tag{2-6}$$

其中，R 为圆形硬壁的半径，其余变量与式（2-4）中的一致。当 $n \to \infty$ 时，外势趋于硬壁势：

$$V(r)=\begin{cases}0 & r<R \\ \infty & r \geqslant R\end{cases} \tag{2-7}$$

引入单位长度[式(2-8)]和单位能量[式(2-9)]，可以将体系的哈密顿量[式(2-6)]简化成无量纲形式［式（2-10)]。

$$r_0=(e^2/\varepsilon\alpha)^{1/(n+n')}R^{(n+n'-3)/(n+n')} \tag{2-8}$$

$$E_0=(e^2/\varepsilon)^{n/(n+n')}\alpha^{n'/(n+n')}R^{(2n'-n)/(n+n')} \tag{2-9}$$

$$H=\sum_{i=1}^{N}\boldsymbol{r}_i^n+\sum_{i>j}^{N}|\boldsymbol{r}_i-\boldsymbol{r}_j|^{n'} \tag{2-10}$$

其中，$\alpha=m\omega_0^2/2$。在硬壁势极限情况下，单位长度趋向于硬壁势半径 R，即 $r_0 \to R$，而能量单位则 $E_0 \to (e^2/\varepsilon R)$。同时硬壁势模型可以约化成

$$V(r)=\begin{cases}0 & r<1 \\ \infty & r \geqslant 1\end{cases} \tag{2-11}$$

在此基础理论模型上，将这个模型扩展到二维二元体系及准一维二元体系，其具体的理论模型将分别在后面内容中给出详细介绍。此外，关于自泳粒子的胶体体系理论模型将在第5章和第6章中进行详细介绍。

2.2　蒙特卡罗与模拟退火方法

对经典近似的胶体相互作用体系进行计算时，主要可以使用蒙特卡罗和分子动力学方法，同时结合模拟退火方法和能量优化方法进行数值模拟。下面将分节对主要研究方法的理论基础进行系统阐述。

2.2.1　蒙特卡罗方法

蒙特卡罗方法又称随机模拟（random simulation）方法、随机抽样（random sampling）技术或统计试验（statistical testing）方法，是以概率统计理论为基础的一种计算方法[121-123]。随机抽样方法可以追溯到18世纪后半叶的蒲丰（Buffon）随机投针实验。法国著名学者蒲丰发现了随机投针的概率与圆周率π之间的关系，可以用来估算π值。自20世纪40年代以来，由于科学技术的发展和电子计算机

的发明，这种方法作为一种独立的方法被提出来，并首先在核武器的试验与研制中得到了应用。

蒙特卡罗方法的基本思想是，为了求解某个问题，建立一个恰当的概率模型或随机过程，使得其参量（如事件的概率、随机变量的数学期望等）等于所求问题的解，然后对模型或过程进行反复多次的随机抽样实验，并对结果进行统计分析，最后计算所求参量，得到问题的近似解。

蒙特卡罗方法是随机模拟方法，但是它不仅限于模拟随机性问题，还可以解决确定性的数学问题。对随机性问题，可以根据实际问题的概率法则直接进行随机抽样实验，即直接模拟方法。对于确定性问题采用间接模拟方法，即通过统计分析随机抽样的结果获得确定性问题的解。用蒙特卡罗方法可以解决很多确定性的数学问题，如计算重积分、求逆矩阵、解线性代数方程、解积分方程以及计算微分算子的特征值等，另外蒙特卡罗方法也可以解决很多随机性问题，如研究中子在介质中的扩散问题、库存问题、动物的生态竞争、传染病的蔓延等。

蒙特卡罗方法与传统的数学方法相比，具有直观性强、简便易行的优点。该方法能处理一些其他方法无法解决的复杂问题，并且容易在计算机上实现，在很大程度上替代了许多大型的、难以实现的复杂实验和社会行为过程，因而这一方法已经广泛应用到材料科学、系统工程、科学管理、生物遗传、社会科学等各个学科领域。

1. 蒙特卡罗方法的基本原理

当问题可以抽象为某个确定的数学问题时，应当首先建立一个恰当的概率模型，即确定某个随机事件 A 或随机变量 x，使得待求的解等于随机事件出现的概率或随机变量的数学期望值。然后进行模拟实验，即重复多次地模拟随机事件 A 或随机变量 x。最后对随机实验结果进行统计平均，求出 A 出现的频数或 x 的平均值作为问题的近似解。

1）收敛性

概率论中的大数法则和中心极限定理是蒙特卡罗方法的基础。大数法则反映了大量随机数之和的性质。如果在$[a, b]$区间，以均匀的概率分布密度随机地取 n 个数 x_i（即随机变量 x 的 n 个简单子样），对每个 x_i 计算出函数值 $f(x_i)$，由大数法则可知

$$\lim_{n\to\infty}\frac{1}{n}\sum_{i=1}^{n} f(x_i) \equiv \lim_{n\to\infty} I_n = \frac{1}{b-a}\int_a^b f(x)\mathrm{d}x \equiv I \tag{2-12}$$

即所有的函数值之和除以 n 得到的值将收敛于函数 f 在$[a, b]$区间的期望值，上式左边是公式右边积分值的蒙特卡罗估计值。大数法则保证了在抽取足够多的随机

样本后，计算得到的积分的蒙特卡罗估计值将收敛于该积分的正确结果。具体收敛程度以及误差估计，需要用到中心极限定理。

中心极限定理指出，无论随机变量 x 的分布如何，其若干个独立随机变量抽样值之和总是满足正则分布（即高斯分布）。因此如果随机变量 x 的标准差 σ 不为零，那么蒙特卡罗方法的误差在 $\varepsilon = |I_n - I| < \lambda \frac{\sigma}{\sqrt{n}}$ 范围内的概率为 $1-\alpha$，称为置信水平。λ 为正态差，是与置信水平有关的常量，可以通过公式计算或者查专门数学用表。例如，取置信水平 $1-\alpha = 95\%$，可以查得 $\lambda = 2$，意味着蒙特卡罗误差 $\varepsilon = \left|I_n - I\right| < 2\frac{\sigma}{\sqrt{n}}$ 成立的概率为 95%。因此蒙特卡罗方法精度的概念不是通常意义下收敛于真值，而是在某一置信水平下，或者说在某一概率下收敛于真值。蒙特卡罗方法的精度是带有随机性的，只能说具有某一精度有多大的可能性，而不能确定一定具有某一精度。

由以上讨论可知，蒙特卡罗方法的误差由随机变量的标准差 σ^2 和抽样次数 n 决定。精度提高一位数，抽样次数要增加 100 倍；减小随机变量的标准差，可以减小误差，但将提高产生一个随机变量的平均费用（计算时间）。因此，提高计算精度时，不能只是简单地减少标准差和增加模拟次数，要兼顾计算费用，通常以标准方差和费用的乘积作为衡量方法优劣的标准。

2）蒙特卡罗方法一般步骤

（1）为了计算某个变量 I，首先就是选择一个数学期望为 I 的随机变量 x，建立变量 I 与随机变量 x 之间的函数关系。

（2）抽样方法的采用：当确定随机变量 x 后，关键就是在随机变量 x 分布中抽出子样 x_1，x_2，x_3，…，x_n。因此，随机变量抽样是蒙特卡罗方法的关键步骤。对于任意非单位均匀分布随机变量的抽样，均是使用严格数学方法，借助随机数产生，步骤为先抽取若干个随机数 ξ_1，ξ_2，ξ_3，…，ξ_m，然后经过概率模型运算 $x = g(\xi_1, \xi_2, \xi_3, \cdots, \xi_m)$得到随机变量 x 的一个子样 x_n。因此接下来需要确定随机变量 x 的概率模型 $x = g(\xi_1, \xi_2, \xi_3, \cdots, \xi_m)$，其中 ξ_1，ξ_2…为随机数；m 为此次算法的结构性维数，也就是完成一次抽样所需要随机数的最大数目。

（3）最后根据得到的一定数目的子样 x_1，x_2，x_3，…，x_n 求出子样算术平均值，从而得到所要计算的变量 I。

2. 随机数

蒙特卡罗方法的基本理论就是通过对大量的随机数样本进行统计分析，从而得到所需要的变量。因此蒙特卡罗方法的基础就是随机数，只有样本中的随机数具有随机性，所得到的变量值才具有可信性和科学性。

产生随机数有多种不同的方法。随机数最重要的特性是它在产生时后面的数与前面的数毫无关系。真正的随机数是通过物理现象产生的，如掷钱币、掷骰子、转轮、使用电子元件的噪声、核裂变等。这样的随机数发生器称为物理性随机数发生器，它们的缺点是技术要求比较高。

在实际应用中往往采用某些数学公式产生的伪随机数。这些伪随机数序列“似乎”是随机的数，实际上它们是通过一个固定的、可以重复的计算方法产生的，但是它们具有类似于随机数的统计特征。这样的发生器称为伪随机数发生器。由于随机数在蒙特卡罗方法中占有极其重要的位置，我们用专门的符号 ξ 表示。由随机数序列的定义可知，ξ_1，$\xi_2\cdots$是相互独立且具有相同单位均匀分布的随机数序列。也就是说，独立性、均匀性是随机数必备的两个特点。

1）单位均匀分布

在连续型随机变量的分布中，最简单且最基本的分布是单位均匀分布。由该分布抽取的简单子样称为随机数序列，其中每一个体称为随机数。单位均匀分布也称为[0，1]上的均匀分布，其分布密度函数为

$$f(x)=\begin{cases}1, & 0\leqslant x\leqslant 1\\ 0, & \text{其他}\end{cases} \tag{2-13}$$

分布函数为

$$F(x)=\begin{cases}0, & x<0\\ x, & 0\leqslant x\leqslant 1\\ 1, & x>1\end{cases} \tag{2-14}$$

目前伪随机数的产生方法主要是线性同余法，线性同余法是一类方法的总称。该方法由选定的初始值出发，通过递推公式产生伪随机数序列。该方法的递推公式为

$$\begin{aligned}&x_n\equiv[ax_{n-1}+c](\mathrm{Mod}\ m)\\ &\xi_n=x_n/m,\quad n=1,2\cdots\end{aligned} \tag{2-15}$$

其中，a 为乘子；c 为增量；x_0 为初值；m 为模。式中各量均为正整数，Mod 表示整除。只需给定初值 x_0，就可以由递推公式得到整数序列$\{x_n\}$，对每一 x_n，作变换 $\xi_n=x_n/m$，则$\{\xi_n\}$（$n=1$，$2\cdots$）就是[0，1]上的一个序列，如果$\{\xi_n\}$通过了统计检验，那么就可以将 ξ_n 作为[0，1]上的均匀分布随机数。

根据 a 和 c 的取值，该方法可分成下述三种形式：$a\neq 1,c\neq 0$，这是该方法的一般形式，也称为混合同余法，该方法能实现最大的周期，但其伪随机数的产生效率低；$a\neq 1,c=0$，该方法称为乘同余方法，由于减少了一个加法，伪随机数的产生效率会提高，其随机性好、周期长；$a=1,c\neq 0$，该方法称为加同余方法。由

于加法的运算速度比乘法快，所以加同余方法比乘同余方法更省时，但伪随机数的质量不如乘同余方法高。

实际参数的选择不同对产生的随机序列和统计特性有极大的影响。所以一个关键问题是如何选择参数以得到好的结果。下面是应用线性同余法选取 x_0，a，c，m 的一般惯例。m 的选取：越大越好，一般取 $m = 2b$，b 为计算机字长（32 位），产生随机数总数为 $2b-1 \geqslant 21$ 亿，m 可取一个足够大的质数。a 和 c 的选取：c 与 m 互质，一般为奇数；$a-1$ 可为 4 整除，则 a 一定为 4 的倍数 + 1。x_0 的选取：因为 x_n 可以是 0～m 的任一数，所以 x_0 的选取不是很重要，但是如果取 $x_0 = 0$，有时确实会使通式的结果退化。

2）统计检验

真随机数只是一种数学的理想化概念，实际中所使用的都是伪随机数。要把伪随机数当成真随机数来使用，必须要通过随机数的一系列统计检验，这些检验包括均匀性检验、独立性检验、组合规律检验、无连贯性检验、参数检验等，其中最基本的是均匀性检验和独立性检验。均匀性是指在[0，1]区域内等长度区间内的随机数分布的个数应相等；独立性是指先后顺序出现的若干个随机数中，每一个数的出现都和它前后的各个数无关。下面就介绍这两种检验，需要指出的是：一个好的伪随机数序列除了能通过这两种主要的统计检验外，还需要通过其他多种检验，能通过的检验越多，则该随机数产生器就越优良可靠。

（1）均匀性检验——频率检验。

均匀性检验是所有检验中最简单的一种。它的方法很多，这里主要介绍 χ^2 检验方法和柯氏检验方法。

χ^2 检验的基本思想的理论依据是：如果从一个随机变量 ξ 中随机抽取若干个观察样本，这些观察样本落在 ξ 的 m 个互不相交的子集中的观察频数服从一个多项分布，这个多项分布在 m 趋向于无穷时近似服从卡方分布。

设 ξ_1，ξ_2，…，ξ_n 是待检验的一组随机数，将 $[0,1)$ 区间分为 m 个小区间，以 $\left[\frac{i-1}{m},\frac{i}{m}\right)$ $(i=1,2,\cdots,m)$ 表示第 i 个小区间，设 $\{\xi_j\}$ $(j=1,2,\cdots,n)$ 落入第 i 个小区间的数目为 n_i $(i=1,2,\cdots,m)$。根据均匀性假设，ξ_j 落入每个小区间的概率为 $\frac{1}{m}$，第 i 个小区间的理论频数 $\mu_i=\frac{n}{m}(i=1,2,\cdots,m)$，统计量 $V=\sum_{i=1}^{m}\frac{(n_i-\mu_i)^2}{\mu_i}=\frac{m}{n}\sum_{i=1}^{m}\left(n_i-\frac{n}{m}\right)^2$ 渐进服从 $\chi^2(m-1)$，给定显著性水平 α，查 χ^2 分布表得临界值后，即可对经验频率与理论频率的差异作显著性检验。若 χ^2 的概率值小于显著性水平 α，则应拒绝原假设，认为样本来自的总体分布与期望分布或某一理论分布存在

显著差异；反之，则不能拒绝原假设，可以认为样本来自的总体分布与期望分布或某一理论分布不存在显著差异。

柯氏检验［也称 K-S（柯尔莫哥洛夫-斯米尔诺夫）检验］的假设是：样本来自的总体与指定的理论分布无显著差异。其基本思路是：首先，在原假设成立的前提下，计算各样本观测值在理论分布中出现的累计概率值 $F(x)$；其次，计算各样本观测值的实际累计概率值 $S(x)$；计算实际累计概率值与理论累计概率值的差 $D(x)$；最后，计算差值序列中最大绝对差值，即 $D = \max(|S(x_i) - F(x_i)|)$。$D$ 统计量也称为 K-S 统计量。在小样本下，原假设成立时，D 统计量服从柯氏分布。在大样本下，原假设成立时，$\sqrt{n}D$ 近似服从 $K(x)$ 分布：当 $D<0$ 时，$K(x)=0$；当 $D>0$ 时，$K(x) = \sum_{j=-\infty}^{\infty}(-1)\exp(-2j^2x^2)$。若 D 统计量的概率值小于显著性水平 α，则应拒绝原假设，认为样本来自的总体分布与给定的分布存在显著差异；反之，则不能拒绝原假设，可以认为样本来自的总体分布与给定的分布不存在显著差异。

（2）独立性检验——无重复联列检验。

这里只介绍独立性检验的一种比较简单的方法：列联表检验。如果把[0，1]上的伪随机数序列$\{\xi_1，\xi_2，\cdots，\xi_n\}$分成两列：

$$\xi_1，\xi_3，\cdots，\xi_{2i-1}，\cdots，\xi_{2N-1}$$

$$\xi_2，\xi_4，\cdots，\xi_{2i}，\cdots，\xi_{2N}$$

第一列作为随机变量 x 的取值，第二列作为随机变量 y 的取值。在 x-y 平面内的单位正方形区域$[0\leqslant x\leqslant 1，0\leqslant y\leqslant 1]$上，分别以平行于坐标轴的平行线将正方形区域分成 $k\times k$ 个相同面积的小正方形网格。落在每个网格内的随机数的频数 n_{ij} 应当近似等于 N/k^2。由此可以算出

$$\chi^2 = \sum_{i,j=1}^{k}\frac{k^2}{N}\left(n_{ij} - \frac{N}{k^2}\right)^2$$

χ^2 应满足 $\chi^2[(k-1)^2]$ 的分布。据此可以采用均匀性检验的 χ^2 方法，假定出显著性水平来进行检验。也可以把伪随机数序列分为三列、四列等，用与上述类似的方法进行多维独立性检验。

随着计算机硬件技术的发展，高级计算机语言中的伪随机数产生函数能够产生质量较高的伪随机数，满足一般蒙特卡罗模拟的需要。

3. 随机变量抽样

在实际抽样问题中，[0，1]区间的均匀分布抽样是最简单最方便的。但是大

多数的伪随机数变量并不满足[0，1]区间的均匀分布，而是具有各种不同形式的分布密度函数 $f(x)$。通常对一个具有 $f(x)$分布密度函数的伪随机变量的抽样通过以下方法进行：首先产生[0，1]区间均匀分布的伪随机数序列，然后在这个数列中抽取一个简单子样，使得该简单子样的分布满足要求的分布密度函数 $f(x)$。因此，对满足一定分布密度的伪随机变量抽样的关键问题是如何从均匀分布的伪随机变量序列中，抽取符合要求的分布密度函数的简单子样。对于不同的分布密度函数，需要采用不同的技巧。下面分两部分介绍离散型分布随机变量和连续分布随机变量抽样的简单方法。

1）离散型分布随机变量的直接抽样法

对于一个可以取两个值的随机变量 x，如果它以概率 P_1 取值 x_1，而以概率 P_2 取值 x_2，则有 $P_2 = 1-P_1$。如果取[0，1]区间一个均匀分布的随机数 ξ，若满足不等式 $\xi \leqslant P_1$，则取 $x = x_1$；反之则取 $x = x_2$。如果随机变量 x 可以取三个离散值，则如果满足不等式 $\xi < P_1$，取 $x = x_1$；如果满足不等式 $P_1 \leqslant \xi < P_1 + P_2$，取 $x = x_2$；如果满足 $\xi \geqslant P_1 + P_2$，取 $x = x_3$。

对于一个任意离散型分布，如果离散型随机变量 x 以概率 P_i 取值为 x_i（$i = 1, 2\cdots$），则其分布密度函数为 $F(x) = \sum_{x_i \leqslant x} P_i$，其中，概率 P_i 应满足归一化条件：$\sum_i P_i = 1$。该随机变量的直接抽样方法如下：首先选取在[0，1]区间上的均匀分布的随机数 ξ，然后判断满足不等式 $F(x_j - 1) \leqslant \xi \leqslant F(x_j)$ 的 j 值，与 j 对应的 x_j 就是所抽子样的一个抽样值。为了实现由任意离散型分布的随机抽样，直接抽样方法是非常理想的。例如，掷色子、掷硬币、打靶等问题都可以使用直接抽样法实现对离散型的分布的随机抽样。

2）连续分布的随机变量抽样

对具有连续分布密度函数的随机变量的抽样，方法也有很多，有直接抽样法、变换抽样法、舍选抽样法、复合抽样法和其他特殊抽样法等。现介绍一下最简单的直接抽样法、变换抽样法和舍选抽样法。

（1）直接抽样法又称反函数法。设连续型随机变量 η 的分布密度函数为 $f(x)$，在数学上其分布函数应为

$$F(x) = \int_{-\infty}^{x} f(x)\mathrm{d}x$$

假如 $F(x)$的反函数 $F^{-1}(x)$存在，并且 ξ 为在[0，1]区间均匀分布的随机数，令 $\xi = F(\eta)$，则求解变量 η，得到的解 $\eta = F^{-1}(\xi)$即为满足分布密度函数 $f(x)$的一个抽样值。该方法使用简单，应用范围广。但必须要求随机变量分布函数的反函数可解析求出，且函数形式不能太复杂。

（2）变换抽样法的基本思想是将一个比较复杂分布的抽样，变换为已知的比较简单分布的抽样。要对满足分布密度函数 $f(x)$的随机变量 η 进行直接抽样是比较困难的，这时如果存在另一个随机变量 δ，其分布密度函数为 $\psi(y)$，则抽样比较简单，问题就能解决。接下来设法寻找一个适当的变换关系 $x = g(y)$，如果 $g(y)$的反函数存在，记为 $g^{-1}(x) = h(x)$，且该反函数具有一阶连续导数。由概率论知，此时 x 满足的分布密度函数为 $\psi[h(x)]\cdot|h'(x)|$。如果函数 $g(y)$选取合适，使之满足

$$f(x) = \psi[h(x)]\cdot|h'(x)| \tag{2-16}$$

则首先对分布密度函数 $\psi(y)$抽样得到随机变量 δ，通过变换 $\eta = g(\delta)$得到满足分布密度函数 $f(x)$的抽样值。很容易将上述处理方法推广到多维情况。但变换抽样法的缺点是找到具体分布密度函数需要的变换关系往往是很困难的。

（3）为了克服直接抽样法和变换抽样法的困难，冯·诺伊曼最早提出了舍选抽样法。该方法如图 2.1 所示，$f(x)$为已知的分布密度函数，该函数在有限区域$[a，b]$内存在边界，即 $0\leqslant f(x)\leqslant M$。舍选抽样法就是在图中产生一个随机点（$x_i$，$y_i$），如果该点落入 $f(x)$以下的区域，则 x_i 取作抽样的取值，否则，舍去重取。重复上述过程可产生分布密度函数为 $f(x)$的随机抽样序列$\{x_i\}$。由图可知，分布密度函数 $f(x_i)$越高，抽样值 x_i 抽取的可能性越大。

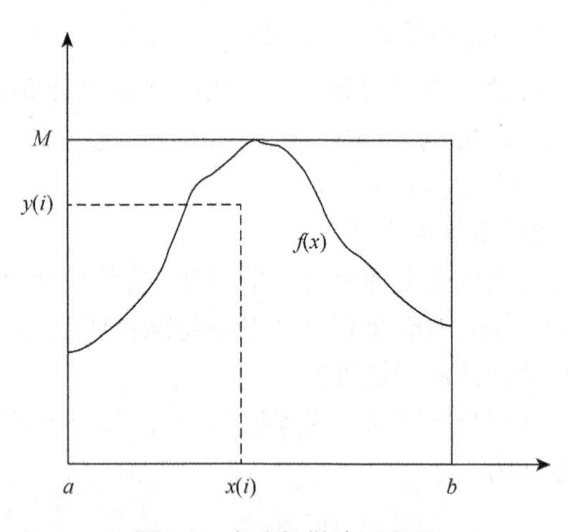

图 2.1　舍选抽样法示意图

舍选抽样法的基本步骤是：首先产生二元随机数（ξ，η），令 $x_i = a + \xi(b-a)$；$y_i = M\eta$。如果 $y_i\leqslant f(x_i)$，则取 x_i 为抽样值，否则舍去重取。反复抽样得到满足分布密度函数 $f(x)$的随机数序列$\{x_i\}$。舍选抽样法可用于所有已知分布密度函数的随机抽样，具有较广的适用性。但是，如果 $f(x)$以下的区域较小时，则抽样过程中被

舍去的概率较大，因此会造成抽样效率低、抽样费用高。为了提高抽样效率，另有其他改良方法，如乘抽样法等，在此不再赘述。下面介绍蒙特卡罗模拟中最常用的 Metropolis 重要性抽样算法。

4. Metropolis 重要性抽样算法

下面用一个简单的例子来说明蒙特卡罗方法中的 Metropolis 重要性抽样算法。例如，用随机试验的方法，也就是蒙特卡罗方法计算积分，即将所要计算的积分看作服从某种分布密度函数 $f(r)$ 的随机变量 $g(r)$ 的数学期望：

$$\langle g\rangle = \int_0^{\infty} g(r)f(r)\mathrm{d}r \tag{2-17}$$

通过某种试验，得到 N 个观察值 r_1，r_2，…，r_N；或者用概率语言来说，从分布密度函数 $f(r)$ 中抽取 N 个子样 r_1，r_2，…，r_N，将相应的 N 个随机变量的值 $g(r_1)$，$g(r_2)$，…，$g(r_N)$ 的算术平均值

$$\overline{g}_N = \frac{1}{N}\sum_{i=1}^{N} g(r_i) \tag{2-18}$$

作为积分的近似值或估计值。

因此蒙特卡罗算法的关键是选取合适的分布函数 $f(r)$ 及其产生按照这个分布函数分布的抽样点（r_1，r_2，…，r_N）。而在统计物理中计算物理量的系综平均时，尤其在正则系综内，很自然地选取玻尔兹曼（Boltzmann）分布作为多维空间抽样点的分布函数，即

$$f(r) = \mathrm{e}^{\frac{-E(r)}{K_{\mathrm{B}}T}}$$

其中，r 为相空间任意一点；$E(r)$ 为物理量 $f(r)$ 处于点 r 处的能量；K_{B} 为玻尔兹曼常量；T 为系统的温度。

接下来的问题就是如何按照这个玻尔兹曼分布函数在相空间产生抽样点（r_1，r_2，…，r_N）。解决这一问题的最著名的方法是 1953 年由 Metropolis 等提出的著名的 Metropolis 方法[124]。正是这个方法使得蒙特卡罗方法被广泛应用。Metropolis 方法是利用一个马尔科夫（Markov）链来产生满足玻尔兹曼分布的抽样点。如果某一时刻 r 取值的条件概率是独立于上一时刻之前的所有 r 值，则称这样一个平稳的随机序列是一个马尔科夫链。

$$p(r_i \mid r_{i-1},\cdots,r_1) = p(r_i \mid r_{i-1}) \tag{2-19}$$

式（2-19）表明某一步的结果仅依赖于上一步，与更前面的历史无关，对应的态

序列（r_1，r_2，…，r_N）则称为马尔科夫链。马尔科夫链的特性导致其极限分布是与初始分布的选择无关的，仅取决于转移概率，因此只要寻找到合适的转移概率，就能保证所产生的态序列，也就是在相空间中的抽样点是按照玻尔兹曼型因子进行概率分布的。

因而下一步就是要研究满足玻尔兹曼分布的从某一时刻到下一时刻的转移概率。记第 i 时刻的状态为 r_i，第 $i+1$ 时刻的状态为 r_{i+1}。那么从 r_i 到 r_{i+1} 的跃迁概率为

$$P(r_i, r_{i+1}) = S(r_i, r_{i+1})Q(r_i, r_{i+1})$$

其中，$S(r_i, r_{i+1})$为体系从状态 r_i 到状态 r_{i+1} 跃迁的尝试概率；$Q(r_i, r_{i+1})$为体系从状态 r_i 跃迁到状态 r_{i+1} 的接受概率。如果体系处于状态 r_i 和 r_{i+1} 的概率分别为 $N(r_i)$ 和 $N(r_{i+1})$，那么根据统计力学的细致平衡条件应有

$$N(r_i)P(r_i, r_{i+1}) = N(r_{i+1})P(r_{i+1}, r_i)$$

或

$$N(r_i)S(r_i, r_{i+1})Q(r_i, r_{i+1}) = N(r_{i+1})S(r_{i+1}, r_i)Q(r_{i+1}, r_i)$$

一般在蒙特卡罗的模拟中尝试跃迁的过程是对称的，满足条件 $S(r_i, r_{i+1}) = S(r_{i+1}, r_i)$，由上面的公式可得

$$\frac{Q(r_i, r_{i+1})}{Q(r_{i+1}, r_i)} = \frac{N(r_{i+1})}{N(r_i)} = \mathrm{e}^{-\frac{E(r_{i+1})-E(r_i)}{K_\mathrm{B}T}} \tag{2-20}$$

其中，$N(r_i) \sim \mathrm{e}^{\frac{-E(r_i)}{K_\mathrm{B}T}}$，$N(r_{i+1}) \sim \mathrm{e}^{\frac{-E(r_{i+1})}{K_\mathrm{B}T}}$，均为玻尔兹曼分布。由上式还不能完全确定接受概率的形式，Metropolis 采用了下面的接受概率：

$$Q(r_i, r_{i+1}) = \mathrm{Min}\left[1, \frac{N(r_{i+1})}{N(r_i)}\right] = \mathrm{Min}\left[1, \mathrm{e}^{-\frac{E(r_{i+1})-E(r_i)}{K_\mathrm{B}T}}\right] \tag{2-21}$$

那么从状态 r_i 到状态 r_{i+1} 的跃迁概率为

$$P(r_i, r_{i+1}) = S(r_i, r_{i+1})\mathrm{Min}\left[1, \frac{N(r_{i+1})}{N(r_i)}\right] = S(r_i, r_{i+1})\mathrm{Min}\left[1, \mathrm{e}^{-\frac{E(r_{i+1})-E(r_i)}{K_\mathrm{B}T}}\right] \tag{2-22}$$

在实际模拟中系统以等概率从状态 r_i 向所有其他的态尝试跃迁，跳向状态 r_{i+1} 的尝试概率为 $S(r_i, r_{i+1})$，而被接受的概率为 $\mathrm{Min}\left[1, \mathrm{e}^{-\frac{E(r_{i+1})-E(r_i)}{K_\mathrm{B}T}}\right]$。所以从状态 r_i 跃迁

到状态 r_{i+1} 的概率可由方程（2-22）来表示。如果经过 Metropolis 过程，共有 N 个状态被接受，也就是说这 N 个态组成了一个马尔科夫链（$r_1, r_2, \cdots, r_N$），即是满足玻尔兹曼分布的在相空间的一系列抽样点。则物理量的平均值 $g(r)$即可由对这个马尔科夫链求和而得到，具体表示为

$$\langle g(r)\rangle = \frac{1}{N}\sum_i N_i g(r_i) \tag{2-23}$$

其中，N_i 为马尔科夫链上第 i 个状态出现的次数，并且满足条件 $\sum_i N_i = N$。

其实，对积分变量在一给定值下的任意分布函数，用 Metropolis 算法的马尔科夫链即可产生该分布的随机数或重要抽样，因而此方法现已成为计算物理的一个重要基础，尤其是它对于统计物理问题中经常遇到的分布最为有用，因为正则系综的配分函数可以是各种系综中所有坐标的复杂函数分布，即使是非统计物理问题也可以通过玻尔兹曼型因子转化成统计物理问题进行求解。

以上介绍了蒙特卡罗方法的基本理论，包括随机数、随机变量抽样和 Metropolis 重要性抽样算法。概括来说，蒙特卡罗方法具有以下优点：能够比较逼真地描述具有随机性质的事物的特点及物理实验过程；受几何条件限制小；收敛速度与问题的维数无关；具有同时计算多个方案与多个未知量的能力；误差容易确定；程序结构简单，易于实现。但同时也存在收敛速度慢、误差具有概率性等缺点。在对胶体系统的数值模拟研究中，一般在一定系综下计算胶体粒子体系的结构、相图、缺陷、熔解等一系列静态和动力学性质，因此下面介绍一下正则系综中的蒙特卡罗方法。

5. 正则系综中的蒙特卡罗方法

对于胶体系统的分子模拟研究来说，主要问题是如何找到 N 粒子作用体系的基态构型$\{r_i, i=1,\cdots,N\}$，于是参量 r_i 就是所求题的解。可以用蒙特卡罗方法构建对粒子位置 r_i 的随机行走，并最后得到体系的最低能量构型。接下来具体介绍在正则系综中蒙特卡罗算法的基本结构[125]，以及如何求得体系的基态以及如何给体系升温。

在正则系综中，粒子数 N、体积 V 和温度 T 是固定的。由于该系综的概率分布函数就是玻尔兹曼分布，因此直接使用 Metropolis 抽样方法即可。一般蒙特卡罗程序可分为三个组成部分：初始分布；在空间、能量和运动方向的随机行走，即产生马尔科夫链的过程；记录贡献和分析结果过程。

对于所研究的 N 个胶体粒子相互作用体系，其蒙特卡罗程序的主要结构如下：

①规定一个初始位形；

②产生一个新位形 r_i；

③计算能量变化 ΔE；

④若 $\Delta E \leqslant 0$，接受新位形并回到第②步；

⑤否则，计算 exp（$-\Delta E/K_{\mathrm{B}}T$）；

⑥产生一个随机数 $R \in [0,1]$；

⑦若 $R<$exp（$-\Delta E/K_{\mathrm{B}}T$），接受新位形并回到第②步；

⑧否则，保留原位形作为新位形并回到第②步。

在以上第②步产生新的位形时，由于所研究的是二维体系，共有 $2N$ 个自由度，在具体程序中每改变一个自由度就产生一个新的位形。

当研究体系的基态性质时，系统的温度 T 实际是零，因而在实际计算中，可以只进行①→②→③→④→⑧的循环。另外，可给出 10^3～10^5 个初始位形，每一个初始位形都经历以上五个步骤并各自得出一个接近基态的结构，然后再在 10^3～10^5 个构型中找出能量最低的构型。当体系较大时，得到很多能量接近的亚稳态。为了进一步找到更稳定的构型，在此基础上可使用能量极小的优化方法来确定能量更低的态，能量极小的优化方法将在下面进行具体介绍。

研究体系的熔解性质是在体系基态结构的基础上，使体系以无量纲的 ΔT～10^{-3} 升温，在每个温度下使用以上①～⑧的循环步骤进行平衡，同时在每个温度下记录接受的体系的结构，即体系在此温度下的粒子运动轨迹，并在各个温度求粒子位移的统计平均，同时利用林德曼判据得到体系的熔解温度。

2.2.2 模拟退火方法

模拟退火方法（annealing simulation）是另外一种基于随机抽样的方法，其主要目的是优化系统的状态，如在所研究系统中优化体系的构型而得到体系的最低能量状态。模拟退火的程序结构与蒙特卡罗方法类似，也是用 Metropolis 方法产生一个马尔科夫链，并且随着模拟步骤的增加，马尔科夫链收敛在一个状态上[126]。这个状态就是所要寻找的最低能量状态的近似。与蒙特卡罗方法不同之处在于模拟退火方法有一个降温过程。

为什么要有这个降温过程？对于很多系统来说，存在着许多可能的亚稳态，如将在下面具体讲述的硬壁势中的准一维经典胶体粒子系统，有时在蒙特卡罗模拟时会落入亚稳态而不易逃出。模拟退火方法原理：亚稳态可能处于相空间中某个系统构型能量的局域极小值附近，但稳态应在最小值附近。在低温下，小的温度 $K_{\mathrm{B}}T$ 因子使得能量变化因子 ΔE 对于玻尔兹曼分布的影响很大，因此系统不易越过能量极小的亚稳态附近的势能峰。但对于同样的系统构型，突然将温度升至高温，再进行构型变化，则高能态的接受概率显著增大。当翻过能量极小值附近的峰后，再对系统逐步降温直到原来的温度值后，系统构型更可能处在其低能的平衡态。这样的过程很像热处理中的退火方法，故称模拟退火法。为了使系统有更多的机会跳跃到其他状态，削除初始状态选择的人为性，从而更有利于趋向于真实的能量最低状态，以及不使系统的状态过早被冻结在一个亚稳态，初始温度就要选得合适。图 2.2 是一般的蒙特卡罗程序的流程图，包含模拟退火过程。

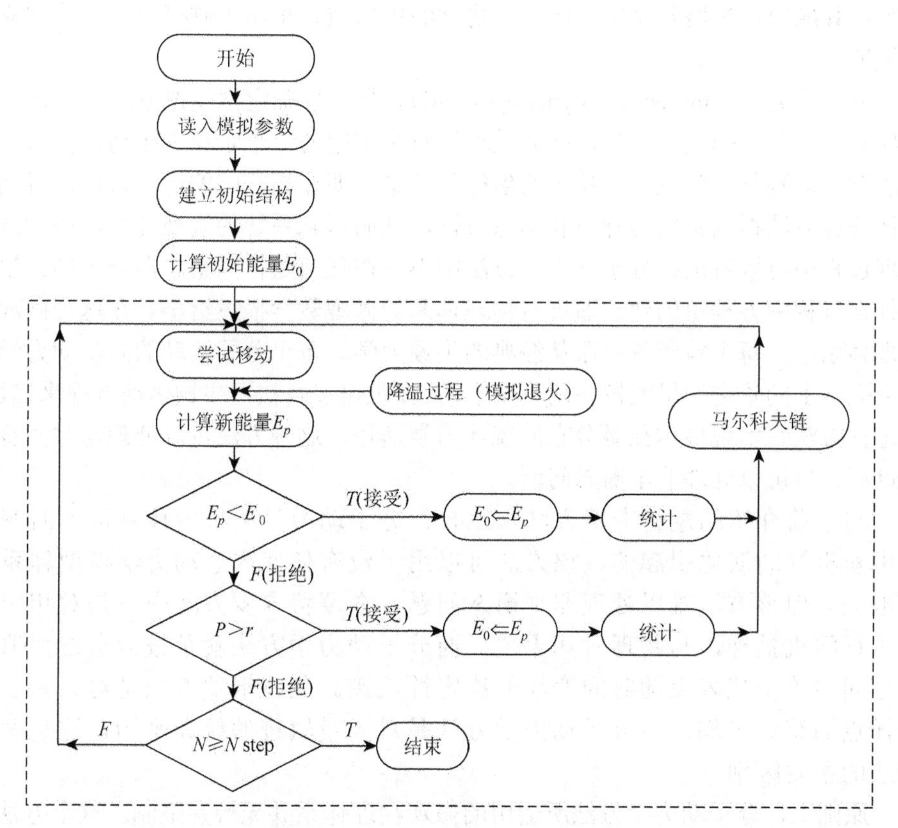

图 2.2　一般蒙特卡罗程序（Metropolis 算法）的流程图[126]

2.3　分子动力学方法

2.3.1　分子动力学方法简介

20 世纪 50 年代中期，Alder 和 Wainwright 采用分子动力学方法求解气体和液体的刚球状态方程，开创了分子动力学方法模拟物质宏观行为的先河[127]。之后

Rahman 于 1963 年采用连续势模型研究了液体的分子动力学模拟。Verlet 于 1967 年给出了著名的 Verlet 算法，即在分子动力学模拟中对粒子运动的位移、速度和加速度的逐步计算法。这种算法后来被广泛应用，为分子动力学模拟做出了很大的贡献。之后又产生了等压分子动力学模型、非平衡态分子动力学模拟、恒温分子动力学方法、第一性原理分子动力学方法等。分子动力学方法已经与蒙特卡罗方法一起成为计算机模拟的重要方法。分子动力学方法应用已经取得了许多重要的成果，如气体或液体的状态方程、相变问题、吸附问题等，以及非平衡过程的研究，其应用已扩展到化学反应、生物学的蛋白质、重离子碰撞等广泛的学科研究领域。

分子动力学（molecular dynamics，MD）是一种确定性模拟方法。它首先需要建立一组分子的运动方程，并通过直接对系统中的一个个粒子运动方程进行数值求解，得到每个时刻各个粒子的坐标与动量，即在相空间的运动轨迹，再利用统计计算方法得到系统的静态和动态特性，从而得到系统的宏观性质。在这样的处理过程中可以看出：分子动力学方法中不存在任何随机因素。在分子动力学方法处理过程中方程组的建立通过对物理体系的微观数学描述给出。在这个微观的物理体系中，每个粒子各自服从经典的牛顿力学。每个分子运动的内禀动力学用理论力学上的哈密顿量或拉格朗日量来描述，也可以直接用牛顿运动方程来描述。确定性方法是实现玻尔兹曼分布的统计力学途径，这种方法可以处理与时间有关的过程，也可以处理非平衡态问题。

与之前介绍的蒙特卡罗方法相比较，分子动力学模拟中体系位形的变化是由随机性的演化引起的，该方法可以用于没有任何内禀动力学模型体系的模拟上，但该方法难以处理非平衡态问题。在蒙特卡罗方法中只是对相空间点进行随机抽样，与物理时间无关，而分子动力学方法就是按力学方程追踪相空间中单个代表点随时间变动的决定性轨迹。蒙特卡罗方法是对大量随机抽样点的统计平均，而分子动力学方法是对大量轨迹的统计平均，这是两种方法的主要区别。

原则上，分子动力学方法所适用的微观物理体系并无特别限制。这个方法适用的体系既可以是少体系统，也可以是多体系统；既可以是点粒子体系，也可以是具有内部结构的体系；处理的微观客体既可以是原子、分子，也可以是其他微观粒子。实际上，分子动力学方法面临着两个基本限制：一个是有限观测时间的限制；另一个是有限系统大小的限制。通常人们感兴趣的是体系在热力学极限下（即粒子数目趋向于无穷时）的性质。但计算机模拟允许的体系大小比热力学极限小得多，因此可能会出现有限尺寸效应。为了减小有限尺寸效应，人们往往引入周期性、全反射、漫反射等边界条件。当然，边界条件的引入显然会影响体系的某些性质。

对体系的分子运动方程组采用计算机进行数值求解时，需要将运动方程离散化为有限差分方程。数值计算的误差阶数显然取决于所采用的数值求解方法的近似阶数。原则上，只要计算机速度足够快，内存足够多，就可以使计算的误差足够小。

对于分子动力学方法，自然的系综是微正则系综，这时能量是运动常量。然而，如果想要研究运动常量是温度和压力的系统时，系统不再是封闭的。例如，温度为常量的系统可以认为系统放在一个热浴中。当然，分子动力学方法只是在想象中将系统放入热浴中。实际上，在模拟计算中具体所采用的做法是对一些自由度加以约束。例如，在恒温体系的情况下，体系的平均动能是一个不变量。这时可以设计一个算法，使平均动能被约束在一个给定值上。但是这个约束并不是真正地处理一个正则系综，仅仅是复制了这个系综的位形部分。只要这个约束不破坏从一个状态到另一个状态的马尔科夫特性，这种做法就是正确的。不过其动力学性质可能会受到这一约束的影响。

在计算机上对多粒子系统的分子动力学模拟的实际步骤可划分为四步：首先设定模拟所采用的模型；其次给定初始条件；再次趋于平衡的计算过程；最后进行宏观物理量的计算。同时在具体分子动力学模拟方法的应用中存在着对两种系统状态的模拟：一种是对平衡态的分子动力学模拟，另一种是对非平衡态的分子动力学模拟。对平衡态系综分子动力学模拟又可分为如下类型：微正则系综的分子动力学（NVE）模拟、正则系综的分子动力学（NVT）模拟、等温等压系综分子动力学（NPT）模拟和等焓等压系综分子动力学（NPH）模拟等。下面仅对平衡态的分子动力学方法中前两类模拟做简单介绍。

另外，简单介绍蒙特卡罗方法和分子动力学方法的差异。蒙特卡罗方法作为一种概率性统计方法在相空间中形成马尔科夫链，每一尝试步移动的结果只依赖于上一步，也就是相空间中的随机行走。它局限于平衡态热力学量的计算，一般不能预测体系的动力学特性，平衡态物理量通过系综平均得到；而分子动力学则是一种确定性方法，即可以确定系统在任意时刻的构型。它通过跟踪每个粒子的个体运动从而跟踪相空间中代表点的轨迹，其最大优点是可以计算动力学性质而不单单是与时间无关的静态性质或热力学量的期待值。但是，分子动力学中的各态历经性没有得到证明。平衡态物理量通过时间平均得到。在蒙特卡罗方法中，最自然的是采用正则系综（NVT 恒定）；而分子动力学模拟中，最简单的体系是 NVE 恒定的。假设时间平均等效于系综平均，则一般分子动力学模拟中的时间平均等价于在微正则系综的系综平均。根据粒子的平均动能定义体系的温度，由于动能是随机涨落的，因此温度也有涨落。两种方法都可以推广至其他系综，但分子动力学的等温系综中的温度不是严格定义的。分子动力学计算所有粒子的位置和动量的时间变化，因此有利于探索相空间的局域性质，而蒙特卡罗则允许在相空间的不同区域跳跃，有利于探索相空间的全局性质。因此，两种方法在研究相空间的性质时有互补性，从而可以将两者的基本要素结合起来构成混合方法，如分子动力学中引入随机碰撞形成等温的分子动力学方法。

2.3.2 微正则系综的分子动力学模拟

1. Verlet 算法

在微正则系综中，{N，V，E}恒定，即体系总粒子数、体积以及总能恒定。在进行对微正则系综的分子动力学模拟时，首先要确定所采用的势模型，这里举例使用库仑作用势模型。在这个势模型里粒子间的相互作用位势是球对称的，其哈密顿量可以写为

$$H = \frac{1}{2}\sum_{i}^{N}\frac{P_i^2}{m_i} + \sum_{i>j}^{N}u(r_{ij}) \tag{2-24}$$

其中，第一项为体系的动能项；u 为势函数；r_{ij} 为第 i 个粒子与第 j 个粒子间的距离。整个体系不仅受总粒子数、总体积以及总能恒定的约束，而且由于整个系统并未运动，整个系统的总动量 P 恒为零，系统共受到四个约束。

由该系统的哈密顿量［式（2-24）］可以推导出牛顿方程形式的运动方程组：

$$\frac{\mathrm{d}^2 r_i(t)}{\mathrm{d}t^2} = \frac{1}{m}\sum_{i>j}^{N}F_i(r_{ij}) \tag{2-25}$$

要用数值求解的方法解出式(2-25)的微分方程组，需把每个粒子的 $r_i(t+h)$和 $r_i(t-h)$按 h 进行泰勒展开，h 为时间步长：

$$\begin{aligned} r_i(t+h) &= r_i(t) + h\frac{\mathrm{d}r_i}{\mathrm{d}t} + \frac{1}{2}\frac{\mathrm{d}^2 r_i}{\mathrm{d}t^2}h^2 + \frac{1}{6}b(t)h^3 + O(h^4) \\ r_i(t-h) &= r_i(t) - h\frac{\mathrm{d}r_i}{\mathrm{d}t} + \frac{1}{2}\frac{\mathrm{d}^2 r_i}{\mathrm{d}t^2}h^2 - \frac{1}{6}b(t)h^3 + O(h^4) \end{aligned} \tag{2-26}$$

将以上两式相加，又由 $\frac{\mathrm{d}^2 r_i}{\mathrm{d}t^2} = \frac{F_i(t)}{m_i}$ 可得方程组：

$$r_i(t+h) = 2r_i(t) - r_i(t-h) + \frac{F_i(t)}{m}h^2 + O(h^4), \qquad (i = 1,2,\cdots,N) \tag{2-27}$$

该方程组反映出：从前面 t 和 t–h 时刻这两步的空间坐标位置及 t 时刻的作用力，

就可以算出下一步 $t+h$ 时刻的坐标位置。下面为了将式（2-27）写成更简洁的形式，令

$$t_n = nh, \qquad r_i^n = r_i(t_n), \qquad F_i^n = F_i(t_n) \tag{2-28}$$

则可将式（2-27）写成差分方程组的形式：

$$r_i^{n+1} = 2r_i^n - r_i^{n-1} + \frac{F_i^n}{m}h^2 + O(h^4), \qquad (i=1,2,\cdots,N) \tag{2-29}$$

如果已知一组初始空间位置 r_i^0，r_i^1，则通过式（2-29）一步步得到 r_i^2，r_i^3，…。也就是说，$n+1$ 时刻的粒子位置由在此时刻之前的两个时刻的位置外推或预报出来（二步法）。

上述形式的递推关系只给出了体系粒子的位置，还需要知道粒子速度以计算体系的动能。由式（2-26）中的两式相减，再由式（2-28）可得

$$v_i^n = (r_i^{n+1} - r_i^{n-1})/2h + O(h^3), (i=1,2,\cdots,N) \tag{2-30}$$

注意这里在 $n+1$ 步算出的速度是前一时刻即第 n 步的速度，因而动能的计算比势能的计算落后一步。以式（2-29）和式（2-30）连同初始位置一起就构成 Verlet 算法。根据 Verlet 算法的原理，可以将对微正则系综的分子动力学模拟程序设计为以下结构：

①规定初始位置 r_i^0，r_i^1，$i=1$，2，…，N；

②计算第 n 时间步时各粒子所受的力 F_i^N；

③利用式（2-29）计算在第 $n+1$ 步每个粒子所处的位置 r_i^{n+1}；

④利用式（2-30）计算第 n 步的速度；

⑤返回第②步，开始下一步的模拟。

注意在实际模拟过程中，全部忽略高阶项的影响。

2. 速度 Verlet 算法

上述 Verlet 算法不是自启动的。要真正求出微分方程组［（式 2-25）］的解，不仅要给出初始的空间位置 r_i^0，还要另外给出一组空间位置 r_i^1。在实际应用中，基于这个基础改进的速度变形算法更加普遍，即如果初始条件是粒子的位置和速度，则可以用下面的式子来计算位置和速度：

$$r_i^{n+1} = r_i^n + hv_i^n + \frac{h^2}{2m_i}F_i^n \tag{2-31}$$

$$v_i^{n+1} = v_i^n + \frac{h(F_i^n + F_i^{n+1})}{2m_i} \tag{2-32}$$

其速度变形的 Verlet 算法的模拟步骤可以重新表述如下：

①给定初始空间位置 r_i^1，$i=1$，2，…，N;

②给定初始速度 v_i^1，$i=1$，2，…，N;

③利用式（2-31）计算出在第 $n+1$ 步时所有粒子所处的空间位置 r_i^{n+1}；

④利用式（2-32）计算出在第 $n+1$ 步时所有粒子的速度 v_i^{n+1}；

⑤返回到步骤③，开始第 $n+2$ 步的计算。

Verlet 速度形式的算法要比前一种好些。它不仅可以在计算中得到同一时间步长上的空间位置和速度，并且数值计算的稳定性也提高了。这种算法是分子动力学中应用最广泛的算法。当然还有其他的算法，如 Leap-frog 算法、预估校正算法（predictor-corrector algorithm）等[121-123]，在此不再介绍。

同时，上述程序的成功依赖于初始位置的选择和速度分布，通常做法是将粒子的初始位置放在格点上，并按照玻尔兹曼分布对速度赋值。测试以上程序是否稳定的方法是看模拟过程中的总能是否能保持一致且最后粒子速度是否满足玻尔兹曼分布。在研究准一维硬壁势中的体系时，正是用微正则系综中的速度 Verlet 算法对体系的基态进行模拟，并把所得的结果与蒙特卡罗的结果做比较，以求得最好的基态构型。

2.3.3 正则系综的分子动力学模拟

对正则系综的模拟是针对一个粒子数 N、体积 V、温度 T 和总动量 P 为守恒量的系综（NVT）的模拟。这种情况就如同一个系统置于热浴之中，此时系统的能量有可能涨落，但系统温度保持恒定。在正则系综的分子动力学模拟中施加的约束与微正则系综中的不一样。正则系综的分子动力学方法是在运动方程组上加动能守恒（即温度恒定的约束），而不是像微正则系综的分子动力学模拟中对运动方程组加总能量守恒的约束。这其中对运动方程组的计算方法是相同的，可以用 Verlet 算法以及其速度变化形式或者其他的算法。在正则系综中对动能守恒的约束有很多种方法，如速度标度法、Andersen 热浴法、Nose Hoover 方法等，其中方法较简单的是速度标度法。

速度标度法就是在模拟过程中通过标度粒子瞬时速度，使体系的动能固定在给定值上，即使得体系的动能为常数 C，$\frac{1}{2}\sum_i mv_i^2=C$，因此也称等动能分子动力学。那么合适的标度因子 β 是多少？对于 N 粒子体系的二维系统，共有 $2N$ 个自由度，但是要求系统总动量为零，减去两个自由度，动能恒定的约束又减掉一个自由度，因而标度因子为

$$\beta=\left[(2N-3)K_{\mathrm{B}}T_{\mathrm{eff}}/\sum_{i}mv_{i}^{2}\right]^{1/2} \tag{2-33}$$

其中，T_{eff}为所要求体系所在的恒定有效温度。这样标度后，就人为地使体系温度不变。在实际模拟过程中，一般用 $2N$ 来代替 $2N-3$，因为替代引起的差异并不大，而且这个差异可以通过参量 T_{eff} 来调节。

在此基础上可以将速度标度下的分子动力学模拟过程设计如下：

①给定初始空间位置 r_i^1，$i=1$，2，…，N；

②给定初始速度 v_i^1，$i=1$，2，…，N；

③利用式（2-31）计算出在第 $n+1$ 步时所有粒子所处的空间位置 r_i^{n+1}；

④利用式（2-32）计算出在第 $n+1$ 步时所有粒子的速度 v_i^{n+1}；

⑤计算 $\sum_{i}^{N}m_i(v_i^{n+1})^2$ 和标度因子 β；

⑥对所有粒子的速度标度：$v_i^{n+1}\leftarrow\beta v_i^{n+1}$；

⑦返回到步骤③，开始第 $n+2$ 步的计算。

按照上面的步骤，对时间进行一步步的循环。待系统达到平衡后，则退出循环。这就是正则系综的模拟过程，典型的程序流程图如图 2.3 所示。图中的 Verlet 列表等技术细节详见文献[126]。在研究准一维硬壁势胶体粒子体系的基态基础上，用以上等动能的分子动力学方法对体系升温，以研究其熔解性质。本节只简单介绍关于本书工作的一部分分子动力学方法，其他有关各种分子动力学方法详细论证及其实际的应用可参见文献[128]～[130]。

2.3.4　布朗动力学方法

布朗动力学方法（Brownian dynamics，BD）是计算一组分子的相空间轨道，其中每一个分子在力场中的运动都单独服从朗之万方程。布朗动力学方法与分子动力学方法既有区别又有联系。在分子动力学方法中，明确考虑一个粒子体系的所有自由度对应的经典运动方程组。系统在相空间中的轨道通过在某个初始条件下对运动方程组进行数值积分得到，然后沿轨道计算可观察物理量。而布朗动力学方法既包含确定性部分，即对拉格朗日运动方程的积分，但同时运动方程中含有随机力，其会影响系统在相空间中的路径。因此，布朗动力学方法属于随机动力学计算机模拟方法中的一种。假设该粒子体系与一个黏性介质有相互作用，该黏性介质对粒子的作用通过作用在粒子上的一个随机力来表示，随机力的引入减少了动力学的维数。

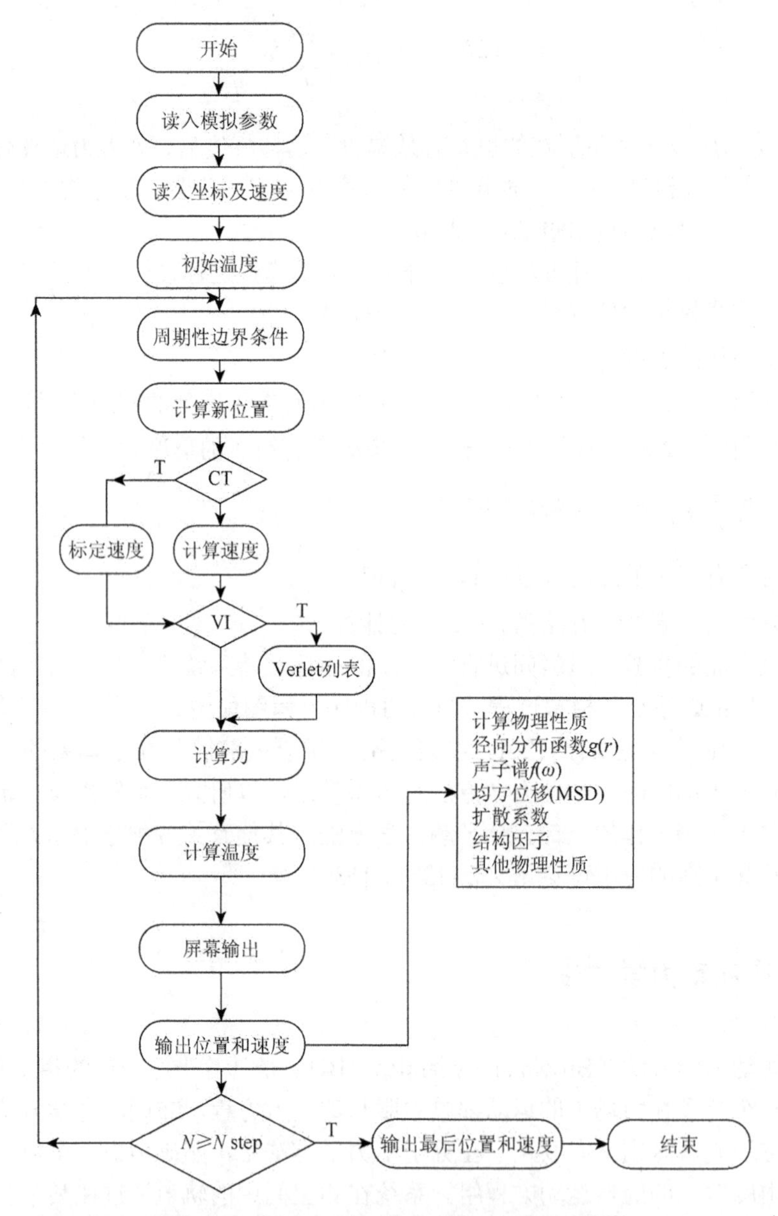

图 2.3　正则系综的分子动力学程序流程图[126]

下面以质点粒子系为例，介绍布朗动力学的一般方法。一般情况下，布朗动力学算法是在相空间中产生使温度为常数的轨道问题，忽略粒子同热浴之间的相互作用，而代之考虑随机力。在此框架下，要把粒子与一个热浴耦合起来，且粒子之间通过某个确定的力相互作用。根据朗之万运动方程，某一质点粒子遵循的随机微分方程为

$$m\frac{\mathrm{d}v}{\mathrm{d}t}=R(t)-\beta v \tag{2-34}$$

式（2-34）右边代表与热浴的耦合，$R(t)$为随机力，其作用是加热粒子。温度不变要求随机力的平均效应消失，即

$$\langle R(t)\rangle=0 \tag{2-35}$$

此外，还要求随机力在两个不同的时刻 $t=0$ 和 t 没有关联：

$$\langle R(t)R(0)\rangle=2\beta K_{\mathrm{B}}T\delta(t) \tag{2-36}$$

且 $R(t)$服从高斯分布：

$$P(R)=\left(2\pi\langle R^2\rangle\right)^{1/2}\exp\left(-R^2/2\langle R^2\rangle\right) \tag{2-37}$$

因此布朗动力学方法即是在上述关于 $R(t)$的约束条件下求解随机微分方程。以下在关于自泳粒子体系的数值模拟中，将使用布朗动力学法，且根据具体情况对上述普适性的随机微分方程进行修正后求解。

2.4　能量极小的优化方法

在数值模拟过程中，通常在蒙特卡罗方法的基础上，进一步使用能量极小的优化方法来求得体系的最低能量状态。下面介绍常用到的牛顿迭代法和最速下降法。

2.4.1　牛顿迭代法

牛顿迭代法（Newton's interation method）又称为牛顿-拉弗森方法（Newton-Raphson method），是牛顿在 17 世纪提出的一种在实数域和复数域上近似求解方程的方法。多数方程不存在求根公式，因此求精确根非常困难，甚至不可能，从而寻找方程的近似根就显得特别重要。简单地说，牛顿迭代法是使用函数 $f(x)$在根附近的泰勒（Taylor）级数的前面几项来寻找方程 $f(x)=0$ 的根[122]。若求方程 $f(x)=0$ 的根，可将方程在根 x_0 的邻域内作泰勒展开，取其一阶近似，即

$$f(x)=f(x_0)+f'(x_0)(x-x_0)+\cdots\approx f(x_0)+f'(x_0)(x-x_0)=0 \tag{2-38}$$

于是有

$$x=x_0-\frac{f(x_0)}{f'(x_0)} \tag{2-39}$$

这就是求根的迭代方程式。很重要的一点是牛顿迭代法需要一个在根附近的初值，也就是说求根过程依赖初始值。牛顿迭代法的收敛速度很快，这是它的主要优点，因此应用较广。但牛顿迭代法在运算中每迭代一次，就必须计算一次函数值和函数值的一阶导数值，这在求解一些比较复杂的方程的根时会由于一些函数的一阶

导数值难以计算而受到限制。这个在应用到硬壁势体系中时就遇到了困难，从而需使用最速下降法，这个方法在接下来将给予介绍。

对于所研究的N粒子相互作用体系来说，其所计算的是N个胶体粒子在基态的位置$\{r_{\alpha,i}^{0},\ \alpha=x,\ y;i=1,\cdots,N\}$。当体系处在基态时，粒子$\{r_{\alpha,i}^{*}\}$受力为零，也就有

$$\frac{\partial H[r_{\alpha,i}^{*}]}{\partial r_{\alpha,i}^{*}}=0 \tag{2-40}$$

实际上寻找体系基态构型的问题在数学上就是求满足上式的解$\{r_{\alpha,i}^{*}\}$的问题。当然精确解是不可能的，因而用牛顿迭代法来近似求解。牛顿迭代法在数学上要求有一个在方程解附近的值，对所研究的胶体粒子体系来说，就是要有一个靠近最低能量构型的结构，这个结构在之前经过n步蒙特卡罗的优化后已经得到，因此完全可以用牛顿迭代法进行进一步的能量优化。

下面就用 n 步蒙特卡罗后找到的接近基态的构型$\{r_{\alpha,i}^{n}\}$来结合牛顿迭代法继续寻找基态构型$\{r_{\alpha,i}^{*}\}$。体系的基态能量 $H[r_{\alpha,i}^{*}]$可以在附近的点$\{r_{\alpha,i}^{n}\}$展开成泰勒级数的形式：

$$\begin{aligned}H[r_{\alpha,i}^{*}]=H[r_{\alpha,i}^{n}]-\sum_{i}\sum_{\alpha}H_{\alpha,i}(r_{\alpha,i}^{*}-r_{\alpha,i}^{n})\\+\frac{1}{2}\sum_{i,j}\sum_{\alpha,\beta}H_{\alpha\beta,ij}(r_{\alpha,i}^{*}-r_{\alpha,i}^{n})(r_{\beta,j}^{*}-r_{\beta,j}^{n})\end{aligned} \tag{2-41}$$

其中，式（2-41）中忽略了更高阶项，且

$$H_{\alpha,i}=-\left.\frac{\partial H}{\partial r_{\alpha,i}}\right|_{r_{\alpha,i}^{n}} \tag{2-42}$$

是哈密顿量的一阶偏导矩阵，而

$$H_{\alpha\beta,ij}=\left.\frac{\partial^{2}H}{\partial r_{\alpha,i}\partial r_{\beta,j}}\right|_{r_{\alpha,i}^{n}} \tag{2-43}$$

是哈密顿量的二阶偏导矩阵，也称系统的动力学矩阵。

又因为式（2-40），所以对式（2-41）左右同时求偏导可得

$$\sum_{j}\sum_{\beta}H_{\alpha\beta,ij}(r_{\beta,j}^{*}-r_{\beta,j}^{n})=H_{\alpha,i} \tag{2-44}$$

再利用$\{r_{\alpha,i}^{n}\}$求得哈密顿量一阶偏导矩阵的各个矩阵元［式（2-42）］的值以及动力学矩阵元［式（2-43）］的值，就可以代入式（2-44）求得一组方程组的解$\{r_{\beta,j}^{*}\}$。

这一组方程的解不一定就是真正的基态构型，因此需要不断地迭代，以找到足够低的能量状态。在实际模拟中，为了确保算法的稳定性，将式（2-44）的方程组修正为以下形式：

$$\sum_j \sum_\beta (\delta_{\alpha\beta,ij}\eta + H_{\alpha\beta,ij})(r^*_{\beta,j} - r^n_{\beta,j}) = H_{\alpha,i} \tag{2-45}$$

其中，$\delta_{\alpha\beta,ij}$ 为单位矩阵元，仅仅出现在动力学矩阵的对角位置；η 为所设的收敛系数。η 的初值较大（$\eta = 10 \sim 100$），当得到的新构型的总能低于原构型$\{r^n_{\alpha,i}\}$能量时，减小收敛系数，反之则增大收敛系数。通过这样一个过程，可以实现所得体系总能的不断收敛。当收敛系数小于一定阈值以及能量精度达到要求时，跳出循环，则得到此循环过程的体系的最低能量结构。

从不同的初始构型$\{r^n_{\alpha,i}\}$出发，可以得到一系列的最低能量构型，从中找出能量最低的构型，也就是所要找的基态构型。当然绝对的基态是不可能的，只能说找到了足够接近基态的最低能量结构。在接下来研究抛物势约束中的二元体系时，就是用蒙特卡罗和牛顿迭代法相结合的方法求得体系的基态。

2.4.2　最速下降法

最速下降法（steepest-descent method）是数值优化方法中最早的算法之一。最速下降法是一种以梯度法为基础的数值计算方法。它的基本思想是选取目标函数的梯度方向（最速下降方向）作为每步迭代的搜索方向，然后逐步逼近函数的极值点[128]。应用到所研究的 N 粒子相互作用体系，最速下降法是使粒子沿着局部净受力的方向行走，以实现能量极小。从任意初始位置开始，沿着局部梯度的反方向（粒子受力的方向），并通过在此方向上的一维极小化，移动到该方向的极小点，再从这个点开始，重复以上过程，直到达到所要求的精度。在模拟中推动一个粒子 i 的过程可以用以下三个步骤表示：

①求初始位置 r_α 的局部受力：$F = -\dfrac{\partial H(r_\alpha)}{\partial r_\alpha}$；

②如果$|F| < \varepsilon$，跳出，并再将 r_β 作为初始位置；

③否则，替换初始位置为 $r_\alpha = r_\alpha + F\delta$，返回第①步。其中，$\alpha$ 代表 x, y 两个正交的方向，ε 是设定的力的收敛精度，δ 是给定的步长。

在研究硬壁势约束中的体系时使用了蒙特卡罗方法和最速下降法相结合的方法。首先用蒙特卡罗方法找到在基态附近的极小值，然后用最速下降法推动体系到能量更低的态。在具体模拟中对最速下降法进行了修正，使粒子在局部梯度的反方向上移动时，并没有进行力的最小化，即以上第②个步骤。这是因为粒子在靠近硬壁势时，会受到接近无穷大的力，因而在模拟中，设定了一个最大力，超过这个力是无效的，这样也能有效地推动粒子。在模拟中通过得到的新构型之间的能量差是否达到提前设定的精度来判断体系是否收敛。如果所得到的构型之间能量相差很小，并重复多次，则认为已经找到相应的基态构型。

在硬壁势体系中之所以没有用牛顿迭代法也是因为粒子在靠近硬壁势时，会受到接近无穷大的力，因而导致体系发散而无法收敛。而在最速下降法中，可以将超出硬壁范围的粒子人为地拉回到硬壁中，然后继续推动粒子以达到能量极小态。最速下降法直观、简单而且不需要求解哈密顿量的二阶矩阵。在离极小点较远的地方，最速下降法的效果较好；但是在离极小点较近的地方，其效果不如牛顿迭代法，因而在抛物势约束体系中没有使用最速下降法。

第 3 章　抛物势约束中的低维胶体系统

在很多胶体实验系统中，外势约束可以近似成抛物势，如复杂等离子体系统[33-36]、激光限制离子系统[40-43]、金属板上的带电粒子系统[44-47]以及液体表面的磁性圆盘系统[48-50]等。因此抛物势约束中的经典胶体体系也是胶体研究领域的热点问题之一。

对于抛物势约束中一元体系的研究已日臻成熟，近年来，理论和实验工作的重心开始向二元及多元体系倾斜。本章系统讲述抛物势约束中二维多元体系的基态结构、本征振动频谱和具体振动模式以及熔解性质[131, 132]。首先介绍蒙特卡罗和牛顿迭代法相结合的方法模拟分析该体系丰富的基态相图；接下来用对角化体系动力学矩阵的方法计算该体系的本征振动频谱和振动模式的矢量图，发现在多元体系中存在三种固有本征频率；最后使用正则系综的蒙特卡罗方法研究该类体系的熔解性质。

3.1　理论模型及计算方法

3.1.1　理论模型

所研究体系的外加约束势是抛物势，其作用相当于均匀的正电荷背景。同时，考虑粒子间的相互作用，可以选择最常用的库仑相互作用（$1/r$），以及作用势形式为 $1/r^2$ 和 $1/r^3$ 的体系。理论模型是“抛物势 + 库仑相互作用”的二维多元有限系统。在此多元系统中，包含一共 N 个作用粒子，这 N 个作用粒子可分为 n_s 种，每种粒子有相同的带电量和质量。每个粒子的带电量和质量分别设为 $Q_i^{(k)}, M_i^{(k)}$，$k = 1, 2, \cdots, n_s$；$i = 1, \cdots, N$。体系的基态为静态性质，因而不考虑体系的动能，该模型下体系基态的势能可以表示为

$$V = \sum_{i=1}^{N} \frac{1}{2} M_i^{(k)} \omega_0^2 R_i^2 + \frac{1}{\varepsilon} \sum_{j>i}^{N} \frac{Q_i^{(k)} Q_j^{(k)}}{|\vec{R}_i - \vec{R}_j|^{n'}} \tag{3-1}$$

式（3-1）第一项为抛物形约束势；第二项是粒子间相互作用势；$n' = 1$ 时为库仑相互作用。另外，ω_0 为抛物势的约束频率（常数）；ε 为粒子所在介质的介电常数；$\vec{R}_i = (x_i, y_i)$ 为第 i 个粒子的位置，在极坐标中第 i 个粒子距离原点的距离是 $R_i = \left|\vec{R}_i\right|$。

接下来将体系的基态势能简化为无量纲的形式。选择第一种粒子（$k=1$）的质量和电量作为单位质量和单位电量，即 $M_0=M^{(1)}$，$Q_0=Q^{(1)}$。同时选取单位长度 $r_0=[2Q^{(1)}Q^{(1)}/\varepsilon M^{(1)}\omega_0^2]^{1/3}$ 和单位能量 $E_0=M^{(1)}\omega_0^2r_0^2/2$。则式（3-1）可化简为

$$V=\sum_{i=1}^{N}m_i^{(k)}r_i^2+\sum_{j>i}^{N}\frac{q_i^{(k)}q_j^{(k)}}{\left|\vec{r}_i-\vec{r}_j\right|^{n'}} \tag{3-2}$$

其中，$\vec{r}_i$ 为约化后第 i 个粒子的位置；$m_i^{(k)}$ 为第 i 个粒子的约化质量[$m_i^{(k)}=M_i^{(k)}/M_i^{(1)}$]；$q_i^{(k)}$ 为第 i 个粒子的约化带电量[$q_i^{(k)}=Q_i^{(k)}/Q_i^{(1)}$]，其中的 k 表示第 i 个粒子属于第 k 种粒子。第一种粒子（$k=1$）的约化质量和约化带电量都为 1。为体现这两个变量对体系的共同作用，借鉴了之前工作中[107]的方法，引入一个新的参数——每种粒子的质荷比 $s^{(k)}=m^{(k)}/q^{(k)}$。对于第一种粒子来说，$s^{(1)}=1$，即总是将第一种粒子作为标准参照物，来研究其他种类的粒子对体系的影响。主要通过一个参数 $s^{(k)}$就可以反映不同种类粒子的质量和带电量的共同效果。分析式（3-2）可得，多元体系的基态能量与总粒子数 N、粒子种类数 n_s、每种粒子的个数 $N^{(k)}$、每种粒子的电量 $q^{(k)}$和质量 $m^{(k)}$（质荷比 $s^{(k)}$）有关。

3.1.2 计算方法

在模拟过程中，使用蒙特卡罗与牛顿迭代法相结合的方法计算在不同参数空间下多元体系的基态能量及构型。通常在每个参数空间下（一组固定的 $N, n_s, s^{(k)}$取值），我们给出 10^5 个初始构型，并在每个构型下进行 10^4 步蒙特卡罗随机行走和 10^4 步牛顿迭代。每一个初始构型都得到一个相应的“基态”结构，在 10^5 个基态结构中，找出最低能量构型 $\{r_{\alpha,i}^0,\alpha=x,y;i=1,\cdots,N\}$。

在求得基态结构的基础上，进一步考虑体系的动能，以模拟体系的动力学性质。根据理论力学中关于多自由度力学体系的小振动原理[133]，直接对角化体系的动力学矩阵：

$$V_{\alpha\beta,ij}=\left.\frac{\partial^2V}{\sqrt{m_i^{(k)}m_j^{(k)}}\partial r_{\alpha,i}\partial r_{\beta,j}}\right|_{r_{\alpha,i}=r_{\alpha,i}^0} \tag{3-3}$$

计算得到系统的本征振动频谱以及各个振动模式的矢量图。所求得的本征振动频率也是无量纲的，其单位是 $\omega'=\omega_0/\sqrt{2}$。为了更直观地表现数值模拟原理及过程，在本书附录中给出了求解一个抛物势约束中两粒子体系的详细过程。这个两粒子体系由不同质量不同电量的两个粒子组成，其基态能量、结构以及本

征振动频谱在附录中以解析方法得出。数值模拟的过程就是以此解析过程为基础的。

最后，使用正则系综的蒙特卡罗方法研究该类体系的熔解性质。主要的计算流程在此不再赘述。下面将分节讨论该类体系的基态结构、本征振动频谱和模式、熔解性质的特点。

3.2　抛物势约束中二维多元系统的基态结构

由于多元体系的参数空间十分复杂，有 $N, n_s, N^{(k)}, s^{(k)}, q^{(k)}$等多个参数，因此参数的选择对于研究多元体系来说至关重要。首先从最简单的情况入手，$n_s = 2$ 的体系，即二元体系。对于这类二元体系，W. P. Ferreira 等[106]和刘艳红等[107]也进行了研究，在已有工作的基础上，考虑更全面的参数空间，发现了一系列新的现象和规律。

首先模拟了之前工作中的二元体系，以确定程序的稳定性和正确性。在刘艳红等的工作中，对包含 12 个第一种粒子和 7 个第二种粒子的二元体系（12，7）进行了模拟，并给出了其典型结构。如图 3.1 所示，图中黑圆点代表 12 个第一种粒子，灰圆点代表 7 个第二种粒子，其中的具体参数为 $N = 19$，$N^{(1)} = 12$，$N^{(2)} = 7$，$s^{(1)} = 1$，$s^{(2)} = 0.6$，0.7，0.9，1.0，1.1，$q^{(2)} = 1.0$，2.0，3.0。每一行图中的第二种粒子质荷比 $s^{(2)}$相同，标记在各行的左侧；每一列图中的第二种粒子电量 $q^{(2)}$相同，标记在各列的顶端。在本章所有构型图中，横轴代表图中粒子的 x 方向位置坐标，纵轴代表图中粒子的 y 方向坐标位置。

为了观察体系的结构随参数的变化，在模拟中 $s^{(2)} = 0.1$～4.0，以间隔为 0.1 连续变化，同时分别考虑了 $q^{(2)} = 1.0$～3.0 的情况。图 3.2 给出了模拟得到的（12，7）体系的典型结构，图中实心圆点代表 12 个第一种粒子，圆圈代表 7 个第二种粒子。第二种粒子的质荷比 $s^{(2)}$标记在各图的上方，图中所有体系中第二种粒子的电量为 $q^{(2)} = 2.0$。在图 3.2 中，体系的 $s^{(2)} = 0.1$～1.6，$q^{(2)} = 2.0$，图中标注的（b1）、（b2）、（b3）、（b4）、（b5）体系与图 3.1 中的标注相对应，具有相同标注的体系参数完全相同。

对比图 3.1 和图 3.2 中的（b1）～（b5）体系，可以看出两图中的（b1）、（b2）、（b5）构型是完全一致的。即在 $s^{(2)} = 0.6$，0.7，1.1 时，我们的结果与之前的理论结果[107]是完全相同的。而在 $s^{(2)} = 0.9$，1.0 时，两图中的（b3）和（b4）则不相同，这个现象是正常的。因为在之前的研究[106, 107]中都提到，当两种粒子的质荷比相差较小时，两种粒子倾向于混合在一起，因此体系得到的亚稳态很多，确定其最低能量构型是非常困难的。因此在这些体系中构型的不相符是正常的。以上结果的一致性确定了模拟方法的正确性和可靠性，下一步进行各种二元体系的计算。

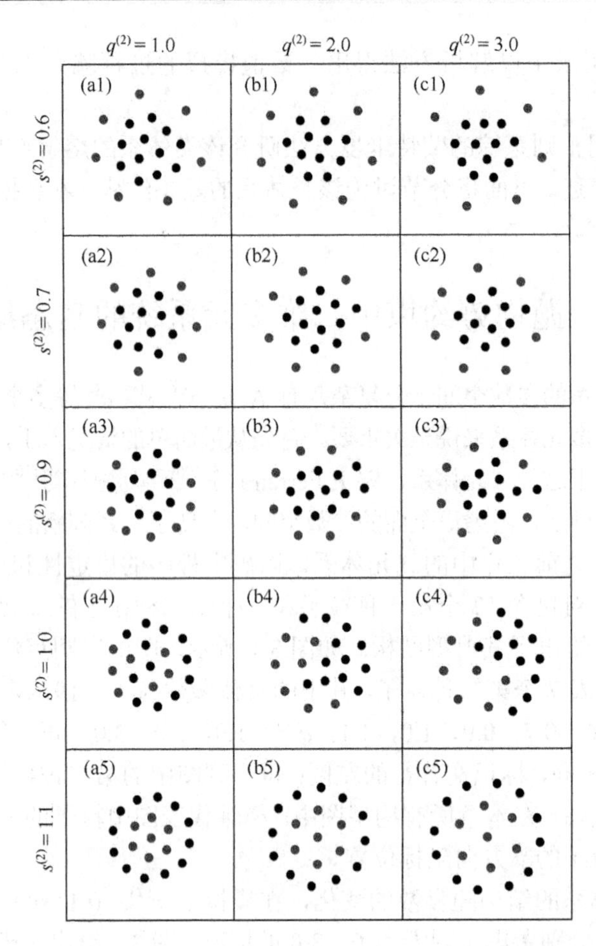

图 3.1　抛物势约束中二维二元体系（$N = 19$）的典型基态构型[107]

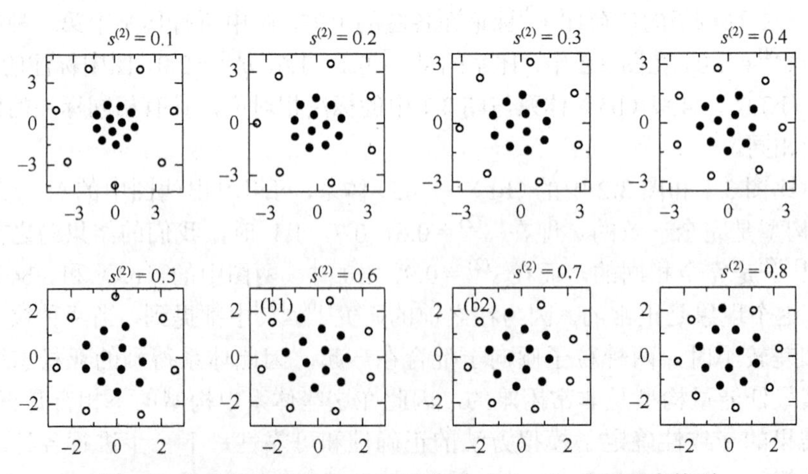

图 3.2　抛物势约束中的 19 粒子体系（12，7）典型基态构型

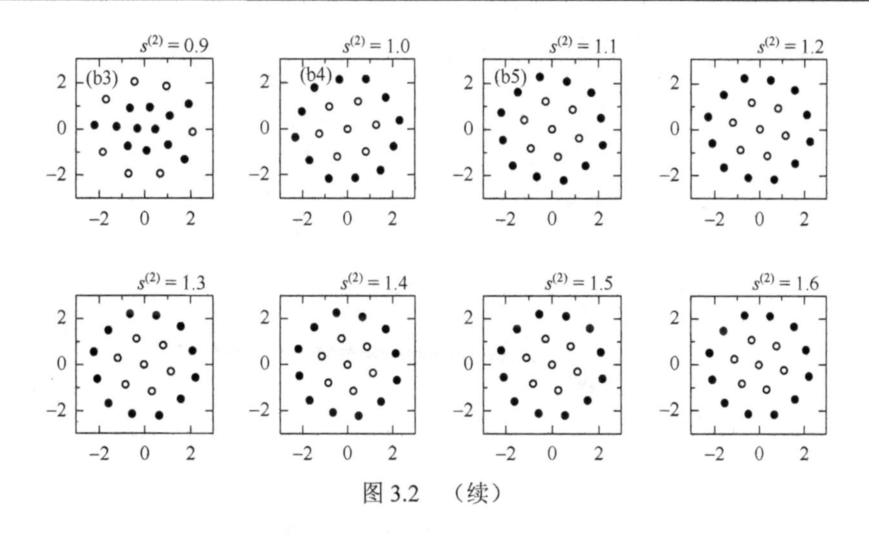

图 3.2　（续）

3.2.1　二元体系基态能量和典型结构

在模拟过程中，确定体系中每种粒子的粒子数 $N^{(k)}$，以及第二种粒子的带电量 $q^{(2)}$，变化第二种粒子的质荷比 $s^{(2)}$进行数值模拟。图 3.3 是 18 粒子体系（12，6）的平均基态能量随第二种粒子质荷比 $s^{(2)}$的变化趋势，且考虑了第二种粒子的电量分别取 $q^{(2)}=1, 2, 3$ 的情况，图中实心正方形曲线对应体系的 $q^{(2)}=1$，实心圆点曲线对应 $q^{(2)}=2$，实心三角形曲线对应 $q^{(2)}=3$，插图中给出两个代表性的基态构型。从图中可以看出，随着 $q^{(2)}$的增大，对应曲线的平均能量升高。因为当第二种粒子带电量增大时，粒子间相互作用增强，同时质荷比不变的情况下相应的质量增大，约束势也增大，因而其平均能量也是增大的。与此同时，对每条曲线来说，在 $s^{(2)}=1$ 处发生明显的一阶相变，对应体系结构相变。从插图中 $s^{(2)}=0.9$、1.1，$q^{(2)}=1$ 的体系构型可以看出其结构的变化规律：当第二种粒子的质荷比小于 1，也就是小于参考系第一种粒子（实心圆点）的质荷比时，第二种粒子（圆圈）分布在最外层；当第二种粒子的质荷比大于 1 时，其处于体系内层。可以观察图 3.2 中在 $s^{(2)}=1.0$ 前后的结构变化均具有相同规律，即相同种类的粒子形成一个壳层，且质荷比大的粒子总是处于体系的内部。这在之前的工作中[107]也发现了该规律，但仅定性给出有可能与抛物势约束和库仑排斥相互竞争导致的结果。下面用一个简单模型来解释该现象。

如果对二元体系中两种粒子分别进行研究，则每种粒子体系的势能可近似表示为

$$V^{(k)} = N^{(k)} m^{(k)} \bar{r}^2 + \frac{N^{(k)}[N^{(k)}-1]}{2}\frac{q^{(k)}q^{(k)}}{A\bar{r}} + N^{(1)}N^{(2)}\frac{q^{(1)}q^{(2)}}{B\bar{r}} \tag{3-4}$$

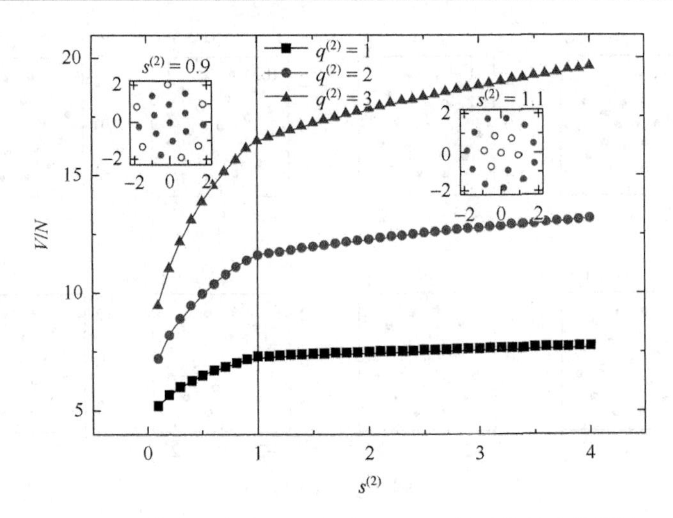

图 3.3　抛物势约束中二元体系（12, 6）的平均基态能量随第二种粒子的质荷比[$s^{(2)}=1.0\sim4.0$]的变化

其中，$\bar{r}$ 为第 k 种粒子的平均位置；同时将第 k 种粒子间的平均距离近似成 $A\bar{r}$，A 为一个常数；式中第三项是两种粒子间相互作用，$B\bar{r}$ 为近似的两种粒子间的距离。因此 $V^{(k)}$可以表示成：

$$V=r^2+\frac{C}{r}$$

其中，C 为一个常数。如图 3.4 所示，在该函数中，存在一个极小值。因此，将式（3-4）对 $\bar{r}$ 求偏导可得

$$2m^{(k)}\bar{r}-\frac{[N^{(2)}-1]}{2A}\frac{q^{(k)}q^{(k)}}{\bar{r}^2}-\frac{N^{(1)}}{B}\frac{q^{(1)}q^{(2)}}{\bar{r}^2}=0 \tag{3-5}$$

在实际模拟中，第一种粒子和第二种粒子的个数是固定的，且两种粒子之间的带电量比例也是固定的，因此式（3-5）可近似表达为

$$2m^{(k)}\bar{r}-C\frac{q^{(k)}}{\bar{r}^2}=0 \tag{3-6}$$

$$\bar{r}^3=\frac{Cq^{(k)}}{2m^{(k)}} \tag{3-7}$$

由近似模型（3-7）可以得出，第 k 种粒子的平均位置取决于该种粒子的质荷比。作为参考系的第一种粒子，其质荷比为 1，当第二种粒子质荷比 $s^{(2)}>1$ 时，其 $\bar{r}^{(2)}<\bar{r}^{(1)}$，因此质荷比大的第二种粒子占据内层。通过以上简单近似模型可以

很直观地解释为什么质荷比大的粒子会占据内层。同时根据式（3-7）可以近似得到质荷比相同的粒子基本占据同一壳层的结论，这个规律在下面多元体系中更加明显。

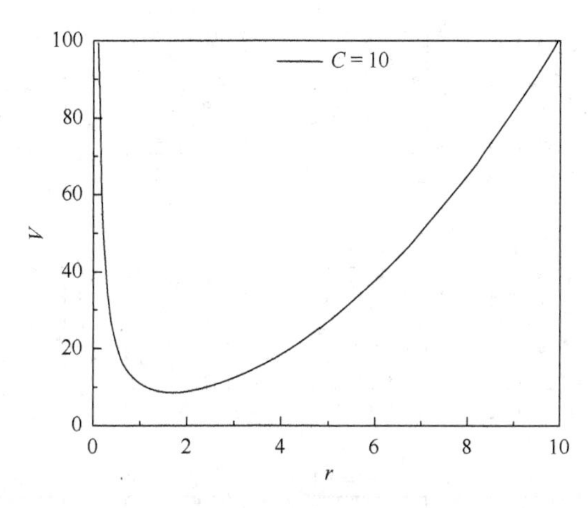

图 3.4　函数 $V = r^2 + C/r$ 的曲线图

进一步观察图 3.3，可以发现：在 $s^{(2)}<1$ 时体系平均能量增幅较大，而在 $s^{(2)}>1$ 的区域增幅较小，尤其是在库仑作用体系中，几乎不变。这个现象意味着什么？结合图 3.2 中（12，7）体系的结构随 $s^{(2)}$ 的变化情况来看，当第二种粒子的质荷比小于 1 时，其处于外层，随着其质荷比的增大，第二种粒子形成壳层的半径有明显的减小。而当第二种粒子的质荷比大于 1 时，第二种粒子处于内层，且处于外层的第一种粒子的半径变化很小。同时，可以发现当第二种粒子的质荷比大于 1 时，整个体系的壳层结构变化很小，这就直接导致体系能量的较小变化。事实上在对其他的二元体系的模拟结果中，也发现了类似的规律。在图 3.5 中给出了四种二元体系的典型基态构型，图中每一行的六个构型对应一组相同的[$N^{(1)}$，$N^{(2)}$]取值，自上而下分别是（4，9）、（5，10）、（5，11），（6，12）体系。图中所有体系 $q^{(2)} = 1$，但各自的 $s^{(2)}$ 取值分别标注在各图的右上方。在每个构型图中，实心圆点代表第一种粒子，圆圈代表第二种粒子。从每一行的构型随 $s^{(2)}$ 的变化可以看到，第二种粒子在质荷比大于 1 时从外层变化到内层，第一种粒子则反之，同时相同种类的粒子形成一个壳层，这与前面讨论的一致。另外，随着第二种粒子的质荷比继续增大到超过一定值（$s_t^{(2)}$）时，体系构型开始基本保持不变，甚至到 $s^{(2)} = 50$ 时，也就是第二种粒子的质荷比是第一种粒子的 50 倍时，再没有发生壳层结构上的明显变化。这个现象在二元体系中是普遍存在的规律，对于（6，13）、（7，12）、（7，14）、（12，6）、（12，7）等体系都有同样的规律，即：当第一种粒子质荷比保持不变，而第二种粒子的质荷比大于一定临界值[$s^{(2)} > s_t^{(2)}$]时，体系的结构达到一个两种粒子壳层分离的稳定结构。

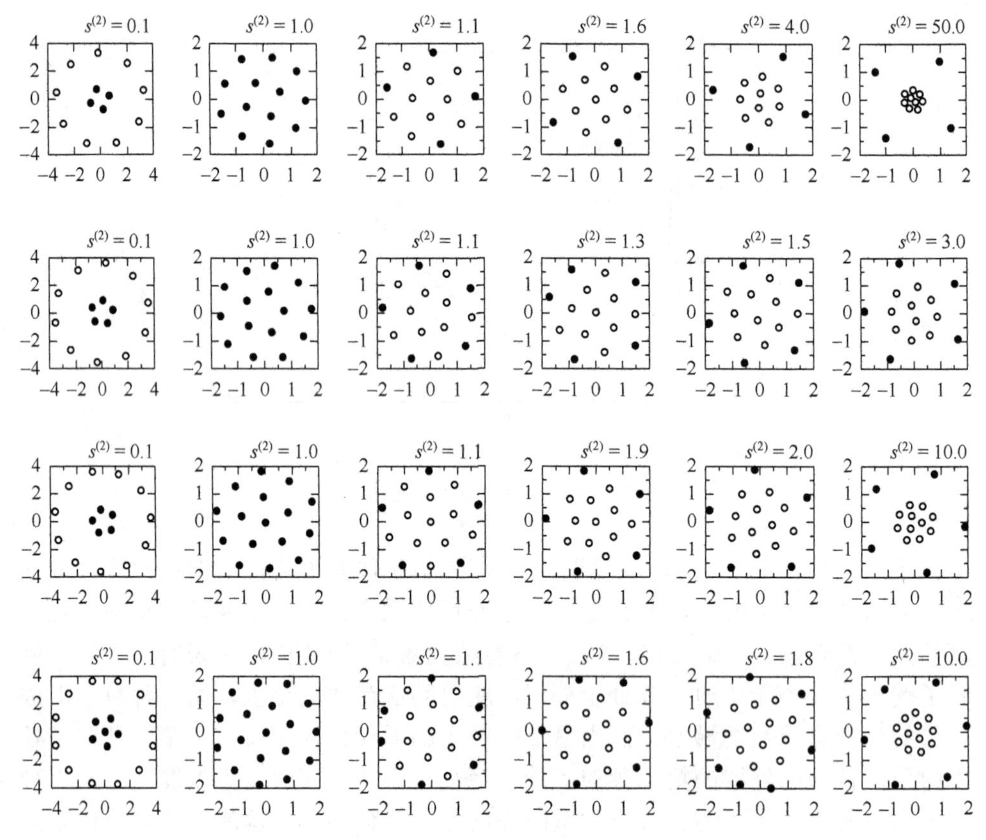

图 3.5　抛物势约束中各种二元体系的典型基态构型

由上而下各行的（$N^{(1)}, N^{(2)}$）取值分别为（4, 9）、（5, 10）、（5, 11）和（6, 12）

图 3.6 中给出了（6，12）体系的各个粒子位置随第二种粒子质荷比的变化曲线，更直观地反映了上述规律，图中实心圆点代表第一种粒子的径向位置，圆圈代表第二种粒子的径向位置。图中清楚展示了 $s^{(2)} = 1$ 处两种粒子内外位置的互换。而且在第二种粒子的质荷比 $s^{(2)} > 2$ 之后，整个体系的粒子位置分布基本不变。尤其是外层粒子保持和同种粒子体系[$s^{(2)} = s^{(1)} = 1$]时基本相同的位置分布，同时内部质荷比大的第二种粒子则慢慢向中心区域聚集，整个体系形成稳定结构。

在图 3.6 中，$s^{(2)} = 1$ 时，体系是同种粒子体系，每个粒子不可区分地分布在三个壳层上，当其中一种粒子（即第二种粒子）的质荷比慢慢变大时，这种粒子的位置半径慢慢减小，内外两种粒子逐渐分离。当分离到距离较大时，也就是当 $s^{(2)}$超过一定临界值 $s_t^{(2)}$时，外部粒子和内部粒子之间的相互作用与每种粒子内部的相互作用和约束势相比要小得多，因此可以把两种粒子间的相互作用势当成一个背景势，两种粒子各自相互独立地被约束在抛物势中。内层粒子由于质量增大，受约束增大而向中心区域聚集，外层粒子由于没有变化，则保持和同种粒子体系的位置基本一致。这种壳层分离稳定结构的出现，实际上是意味着两种粒子之间相互作用的减弱，即两种粒子之间相对独立，因此把这种稳定结构称为“独立壳层”结构。由图 3.6 可知，标志“独立壳层”稳定结构出现的临界值 $s_t^{(2)}$ 随着体系的不同而略有变化，基本为 1.0～3.0。

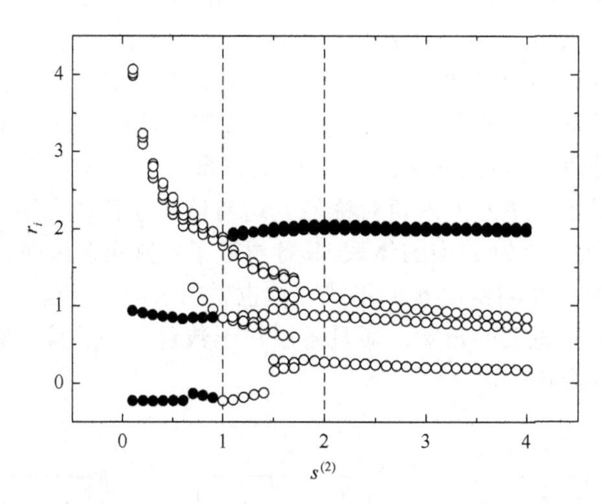

图 3.6　抛物势约束（6，12）二元体系的粒子位置 r_i 随 $s^{(2)}$的变化

平均来看，当 $s^{(2)}>2.0$ 时，体系开始或者已经形成稳定结构。因此可以认为 $s_t^{(2)}=2$ 是具有普适性的，即当体系的两种粒子之间的质荷比相差两倍以上时，体系可以形成一个壳层间相对独立的稳定结构。这对于实验中实现稳定构型的系统可以给出相应的参数指导，也会在粒子分离技术方面有所应用。

3.2.2　多元体系基态结构

接下来将研究体系拓展到多元体系。基于以上对二元体系的研究，对多元体系的研究也主要关注其壳层分离的结构。在图 3.7 中给出了一种四元体系的基态结构，其含有四种粒子，每种粒子数分别为（6，12，18，24）。每种粒子的质荷比取值、电量取值分别以 $s=s^{(1)}, s^{(2)}, s^{(3)}, s^{(4)}$；$q=q^{(1)}, q^{(2)}, q^{(3)}, q^{(4)}$标注在每个图的上方。若四种粒子电量相同，则仅标志为 $q=1$；若四种粒子质荷比相同，

则仅标志为 $s=1$。在所有图中，6 个实心圆点代表第一种粒子，12 个圆圈代表第二种粒子，18 个实心三角代表第三种粒子，24 个实心五角形代表第四种粒子。在图 3.7（a）～（c）中，列出了当这四种粒子之间的质荷比相差较大时的情况，可以看出这四种粒子都各自形成了壳层结构。在图 3.7（a）中，这四种粒子（6，12，18，24）的质荷比分别为（1，0.1，0.2，0.3）。按照之前的规律，质荷比大的分布在内部，且质荷比相同的粒子在同一壳层，因此对应的壳层分布自内向外应该是 6-24-18-12，图 3.7（a）的结构证实了之前的规律在多元体系中仍然成立。这也说明对各种粒子单独分析的理论模型对于多元体系也是成立的。比较图 3.7（a）和（b），这两个图的参数区别在于，（b）体系各种粒子的带电量和质量增加，但质荷比的取值分别与（a）体系相同；结果看来，这两个构型基本一致，唯一的变化在于（b）的粒子间距比（a）稍大些，使得（b）的整个体系范围较大些。这说明质量和电量的比例（质荷比）仍然是体系决定性的因素，而带电量和质量量值的分别变化只是局域地改变了粒子间距。再比较图 3.7（a）和（c），都是类似的多壳层结构，（a）中的体系与（c）相比呈现更好的圆形对称性，（c）则显示出更好的六角对称性。这与体系在各个壳层的粒子数分布是有直接关系的。如图 3.7(a)中的体系，其各层粒子数排布自内向外为 6-24-18-12，而图 3.7（c）则是 24-18-12-6 的形式。这也说明了最外层粒子形成的结构对整个体系的结构有很重要的影响，而且各层粒子数目与外层粒子数是否匹配也对体系具体结构有影响。

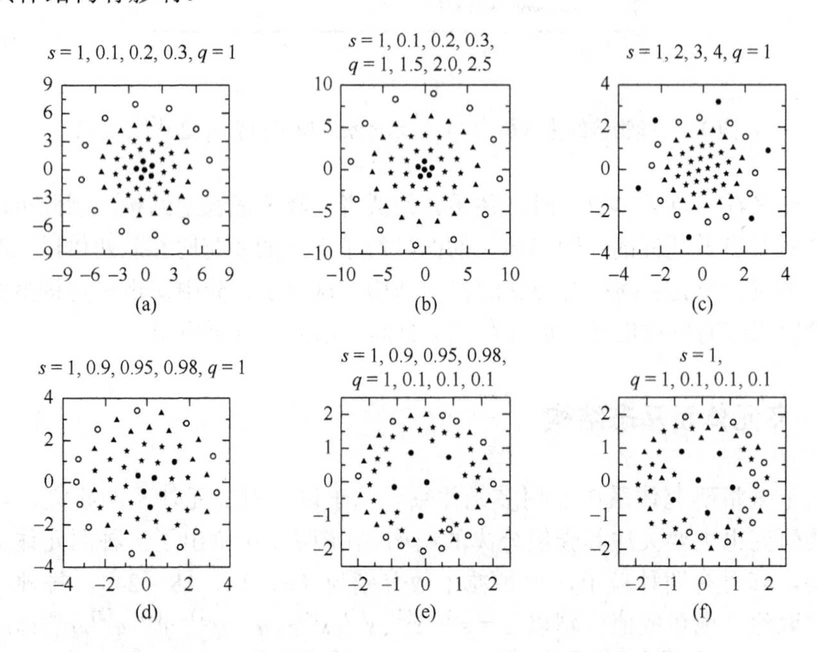

图 3.7　四元粒子体系（6，12，18，24）的典型基态构型

另外，图 3.7 中还给出了当各种粒子之间的质荷比相差很小［图 3.7（d）和（e）］或所有粒子质荷比相同时［图 3.7（f）］的多元体系的结构。这三个图中的体系都显现出各种粒子互相混合，接近不可区分的状态。如图 3.7（d）所示，四种粒子的质荷比分别为 1，0.9，0.95，0.98；且四种粒子的带电量相同，即四种粒子仅质量存在细微差别。但因为粒子间相互作用与电量有关，而与质量无关，因此在图 3.7（d）中这四种粒子基本不可区分，处于完全混合状态。但在四种粒子的质荷比相同，但改变各种粒子的带电量时，如图 3.7（f）所示，中心六个粒子由于电量比其他三种大得多而明显与其他三种粒子距离变大，但也仅仅是改变了局域粒子间距，各种粒子仍然呈现混合状态。

多元体系的相图与二元体系相比更加丰富。不仅质荷比对体系的壳层结构有决定性作用，最外层粒子形成的结构以及各层粒子数分布都对体系的具体结构有影响，同时其局域粒子间距还受各种粒子质量和带电量的影响。通过选择质荷比相差较大且各层粒子数相匹配的体系，可以得到预期的多壳层结构。

3.3　抛物势约束中二维多元系统的本征频谱和振动模式

本节将系统讨论多元体系的本征振动频率以及本征振动模式，同时还特别讨论了体系的最低不为零的振动模式。

3.3.1　多元体系的本征振动频谱

在抛物势约束的一元库仑相互作用体系中[61, 62, 112]，关于本征振动频谱的一个最典型的规律就是存在 0、$\sqrt{2}$、$\sqrt{6}$ 三个不随体系大小变化的固有频率，其频率分别对应整体转动模式、质心模式和呼吸模式。这三个固有的本征振动频率也可以通过解析求出[113]。固有的振动模式主要是由具有径向对称性的抛物势约束所决定的，那么在同样是抛物势约束中的多元体系中，这三种本征振动频率是否会有变化？

在研究多元体系之前，首先研究各种二元体系的本征频谱和振动模式。如图 3.8（a）所示为（5，5）二元体系的本征振动频谱，结果显示在该体系中仍然存在三种固有的本征振动频率：0、$\sqrt{2}$、$\sqrt{6}$。图 3.8（b）给出了在 $s^{(2)}=1.5$ 时这三个频率对应的振动模式矢量图，图中实心圆点代表第一种粒子，圆圈代表第二种粒子。可以看到对应 $\omega=0$ 的 VEC1 仍然对应整体转动模式，而且与一元体系相同，内部质荷比大、受抛物势约束较大的粒子振幅比外层粒子的要小。VEC7 和 VEC8 是振动频率 $\omega=\sqrt{2}$ 的两个简并的质心模式。VEC15 则是呼吸模式。在其他所研究的（4，9）、（5，10）、（12，6）等各种体系中，都存在这三种固有的本征振动频率，是一个普适性的结果。另外，可以对这三种固有频率进行如下解析推导。

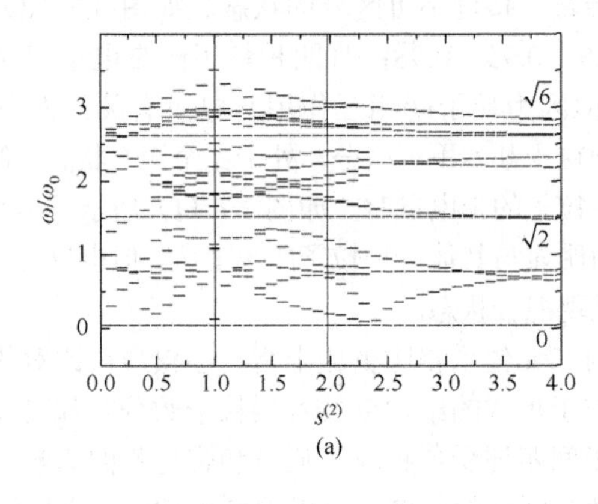

(a)

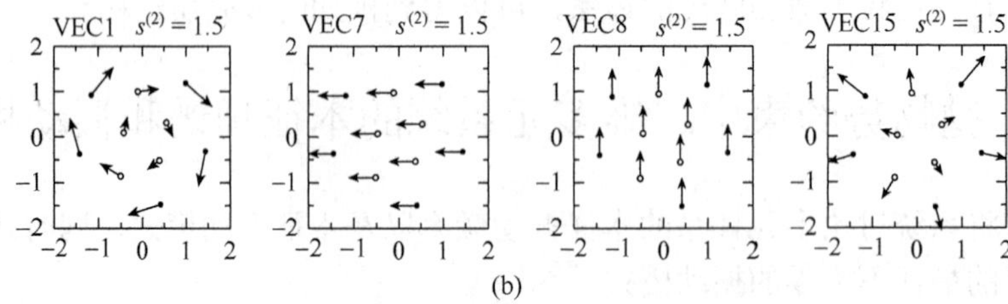

(b)

图 3.8 （a）（5，5）二元体系的本征振动频谱随第二种粒子质荷比 $s^{(2)}=0.1\sim4.0$ 的变化；（b）（5，5）体系的固有本征振动模式矢量图$[q^{(2)}=1]$

1. $\omega=0$ 的整体转动模式

对于任何一个轴对称的二维体系来说，都有一个频率为零的整体转动的振动模式。

2. $\omega=\sqrt{2}$ 的质心模式

此类二维体系在 x 和 y 方向是完全独立的，因此其在每个方向的运动方程为

$$m_i\frac{\partial^2 x_i}{\partial t^2}=-\frac{\partial V}{\partial x_i} \tag{3-8}$$

其中，V 为体系的基态能量，在这里考虑二维多元体系，其约化后的基态能量为

$$V=\sum_{i=1}^{N}m_i^{(k)}r_i^n+\sum_{j>i}^{N}\frac{q_i^{(k)}q_j^{(k)}}{\left|\vec{r}_i-\vec{r}_j\right|^{n'}} \tag{3-9}$$

与式（3-2）相比，差别仅在于外势约束是 r^n 的通用形式。

结合以上两式可得体系在每个方向上的牛顿方程为

$$m_i \frac{\partial^2 x_i}{\partial t^2} = -n m_i x_i (x_i^2 + y_i^2)^{\frac{n}{2}-1} + n' \sum_{j>i}^{N} \frac{q_i^{(k)} q_j^{(k)} (x_i - x_j)}{\left|\vec{r}_i - \vec{r}_j\right|^{n'+2}} \tag{3-10}$$

对于多粒子体系来说，其质心表示为

$$\vec{R} = \sum_{i=1}^{N} m_i \vec{r}_i \Big/ \sum_{i=1}^{N} m_i$$

在每个方向的质心则是

$$R_x = \sum_{i=1}^{N} m_i x_i \Big/ \sum_{i=1}^{N} m_i$$

结合上式，其相应的运动方程满足

$$\frac{\partial^2 R_x}{\partial t^2} = \frac{\sum_{i=1}^{N} m_i \frac{\partial^2 x_i}{\partial t^2}}{\sum_{i=1}^{N} m_i} = -\frac{\sum_{i=1}^{N} n m_i x_i (x_i^2 + y_i^2)^{\frac{n}{2}-1}}{\sum_{i=1}^{N} m_i} \tag{3-11}$$

通过式（3-11）可以看出，只有当 $n=2$ 时，也就是当外势为抛物势时，上式才可化简为

$$\frac{\partial^2 R_x}{\partial t^2} = -2 \frac{\sum_{i=1}^{N} m_i x_i}{\sum_{i=1}^{N} m_i} = -2R_x \tag{3-12}$$

以上得到了体系质心以频率 $\omega = \sqrt{2}$ 整体运动的振动模式。同时在另外的 y 方向也可以得到相同的结果。至此得到了两重简并的质心振动模式。注意在以上的推导过程中，这个频率是与 N，$N^{(k)}$，$m^{(k)}$，$q^{(k)}$，n'等参数无关的。即得到的本征振动频率是不随体系的总粒子数、粒子种类数、各个种类的粒子数、各个种类粒子的质量和带电量变化的，只要粒子间的相互作用形式是 $1/r^{n'}$，就可以得到这个本征振动频率。这个结果也可以适用于粒子间作用形式是 $\exp(-kr)/r^{n'}$ 的屏蔽库仑势，本征频率 $\sqrt{2}$ 是不随屏蔽长度的变化而变化的。抛物势的径向对称性决定了二维有限体系中存在质心振动模式。

3. $\omega = \sqrt{6}$ 的呼吸模式

二维多粒子体系的平均径向位置可表示为

$$R^2 = \sum_{i=1}^{N} m_i (x_i^2 + y_i^2) \Big/ \sum_{i=1}^{N} m_i$$

其运动方程为

$$\frac{\partial^2 R^2}{\partial t^2}=\frac{\sum_{i=1}^{N} m_i\left[\frac{\partial^2(x_i^2)}{\partial t^2}+\frac{\partial^2(y_i^2)}{\partial t^2}\right]}{\sum_{i=1}^{N} m_i} \tag{3-13}$$

结合粒子在每个方向的牛顿方程［式（3-10）］，可以得到

$$\frac{\partial^2 R^2}{\partial t^2}=\frac{-\sum_{i=1}^{N} 2(n+n')m_i(x_i^2+y_i^2)^{\frac{n}{2}}}{\sum_{i=1}^{N} m_i}+\frac{2n'V}{\sum_{i=1}^{N} m_i}+\frac{2T}{\sum_{i=1}^{N} m_i} \tag{3-14}$$

其中，V 对应体系基态势能［式（3-9）］；$T=\sum_{i=1}^{N} m_i(\dot{x}_i^2+\dot{y}_i^2)$ 为动能；式（3-14）后两项为常数项。当 $n=2$，即外势为抛物势时，通过式（3-14）即可很容易得到频率 $\omega=\sqrt{2(2+n')}$ 的径向整体运动模式，即呼吸模式。这个频率同样与 $N, N^{(k)}, m^{(k)}, q^{(k)}$这些参数无关。当 $n'=1$，即粒子间以库仑相互作用时，其呼吸模式的振动频率是 $\omega=\sqrt{6}$ 。通过以上的解析推导，证实了数值模拟的结果。在附录中给出了解析求解一个两粒子体系的本征振动频谱的过程，并详细说明了在模拟过程中多元体系的动力学矩阵需要包含质量因子的原因所在。

从以上数值模拟及解析过程中可以得出在抛物势中的库仑作用体系，不论是一元还是多元体系，由于抛物形约束外势的径向对称性而呈现类似的性质。图 3.9 是对应图 3.8 中的一个（5，5）体系的部分振动模式，图中实心圆点代表第一种粒子，圆圈代表第二种粒子。该体系的质心模式和呼吸模式没有列出，主要是为了突出其他本征模式的情况。从图中可以看出，二元体系的振动模式并没有超出一元体系的振动模式的范围，其最低不为零的振动模式 VEC2 仍然是壳层间的相对转动。而其他较低能量激发的模式（VEC3～VEC5）也对应粒子的角向振动，且外层粒子振动较大而内层粒子振动较小。到较高频率的激发（VEC13～VEC18）时，粒子开始径向振动。这些规律同样适用于多元体系中。所有规律都反映了抛物势约束对体系本征振动的决定性作用，更确切地说是体系的对称性对本征振动模式的决定性作用。

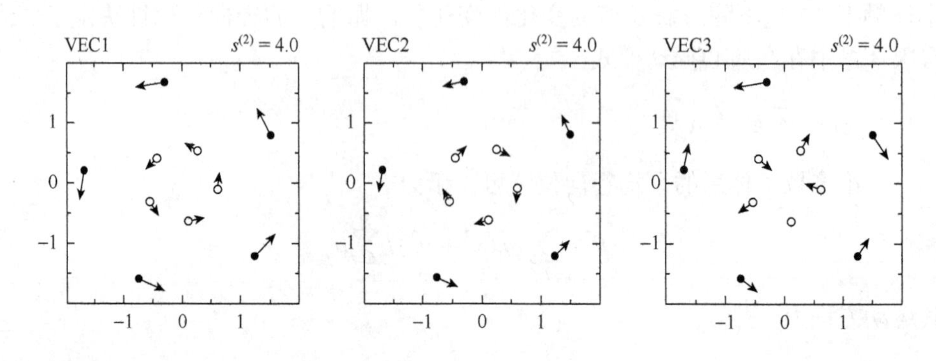

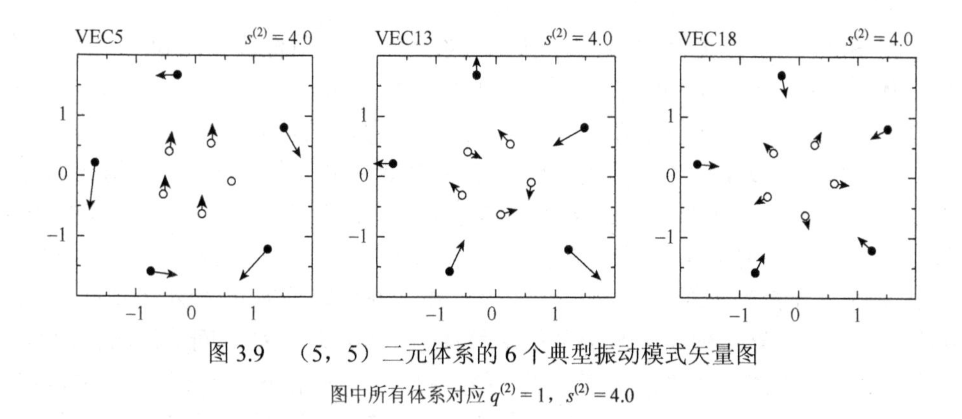

图 3.9　（5，5）二元体系的 6 个典型振动模式矢量图

图中所有体系对应 $q^{(2)}=1$，$s^{(2)}=4.0$

3.3.2　二元体系的最低不为零振动频率

接下来讲述最低不为零频率（lowest nonzero eigenfrequency，LNF）对二元体系稳定性的影响，特别关注 $s^{(2)}$对 LNF 以及体系稳定性的影响。图 3.10 中给出不同二元体系的 LNF 随第二种粒子的质荷比 $s^{(2)}=0.1$～4.0 的变化情况。图 3.10（a）中所有体系均为库仑相互作用体系，实心正方形曲线对应体系的 $q^{(2)}=1$，实心圆点曲线代表 $q^{(2)}=2$，实心三角形曲线代表 $q^{(2)}=3$。图 3.10(b)中所有体系的 $q^{(2)}=1$，实心正方形曲线对应体系的粒子间相互作用是库仑势 $1/r$，实心圆点曲线代表相互作用势为 $1/r^2$，实心三角形曲线代表作用势为 $1/r^3$。图中括号内的数字代表相应曲线峰值位置的 $s^{(2)}$值。从图 3.10（a）和（b）可以看出，这些曲线的形状基本相同，也就意味着改变体系第二种粒子的带电量和质量值，或者粒子间的相互作用形式，都对体系随着第二种粒子质荷比的变化没有本质上的影响。与作为参考系的取 $q^{(2)}=1$ 的库仑作用体系（实心正方形曲线）相比，其他曲线最明显的变化就是发生了向左的平移，使得曲线出现峰值的位置 $s^{(2)}$有整体的减小。

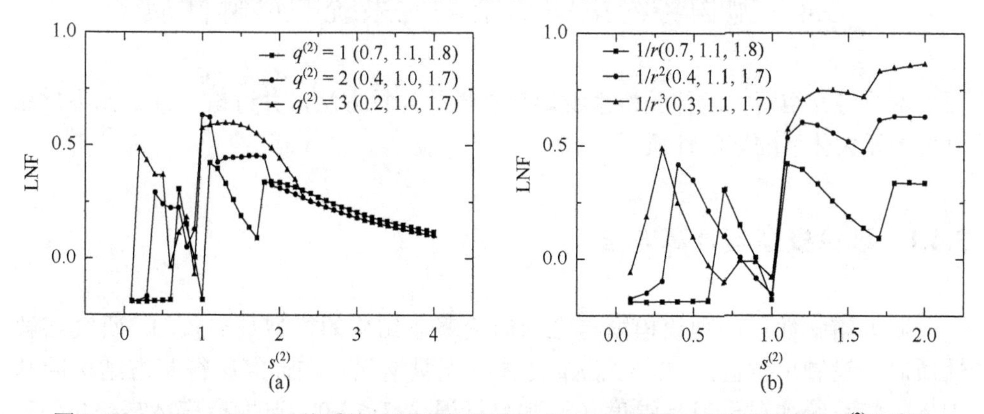

图 3.10　（6，12）二元体系的最低不为零频率（LNF）随第二种粒子质荷比 $s^{(2)}$的变化

（a）不同 $q^{(2)}$的库仑相互作用体系的 LNF-$s^{(2)}$曲线；（b）不同相互作用体系在 $q^{(2)}=1$ 时的 LNF-$s^{(2)}$曲线

在图 3.10（a）、（b）中标出了每条曲线的 3 个峰值位置。对 $q^{(2)}=1$ 的库仑作用体系（实心正方形曲线）来说，其峰值出现在第二种粒子的质荷比为（0.7，1.1，1.8）处。分析三个峰值出现的位置，可以得出该峰值附近都发生了结构相变。在 $s^{(2)}=0.7$ 处，发生了类似于图 3.2 中由 $s^{(2)}=0.5$ 到 $s^{(2)}=0.6$ 的结构相变，即由于第二种粒子质荷比逐渐增大，其逐渐向内部靠拢，从而使得内部粒子的构型发生变化，但体系能量仍然连续，是二阶相变点。改变第二种粒子的带电量和质量，或者改变粒子间的相互作用形式，都可以改变粒子的局域相互作用 $q/r^{n'}$。所以增大第二种粒子的带电量 q 和减小 n' 都可增大粒子间的局域作用势，使体系更容易发生局域结构相变，即更容易发生二阶相变，使 $s^{(2)}<1$ 的曲线有明显左移。接下来在 $s^{(2)}=1.1$ 处发生了结构相变，第一种粒子和第二种粒子产生了位置互换，同时伴随体系能量的不连续变化。因此图 3.10 中的第二个峰值是体系的一阶相变点，质荷比对其有决定性的影响，而改变带电量和质量或者相互作用形式对其影响不大，基本均在 $s^{(2)}=1.0$ 附近发生结构相变。然后在 $s^{(2)}=1.8$ 处发生的相变对应之前讨论的稳定的“独立壳层”结构形成的开始，此处发生的结构相变是二阶相变点。但由于此时体系结构变化较小，增大第二种粒子的带电量 q 和减小 n' 对粒子间的局域作用势影响较小，因此第三个峰值的位置主要在 $s^{(2)}=2.0$ 附近。

通过以上第二种粒子的质荷比对体系 LNF 影响的分析，可以得到体系三个较稳定的结构，每种结构附近对应相变的发生。与二元体系具体参数基本无关的有两种结构，一个是体系在 $s^{(2)}=1.0$ 附近发生一阶相变，两种粒子位置发生互换后的结构，另一个是体系在 $s^{(2)}=2.0$ 附近发生二阶相变后的开始形成的“独立壳层”稳定结构。

3.4 抛物势约束中二维多元系统的熔解性质

本节将介绍研究胶体晶格系统熔解性质的计算方法，并讨论二维二元小体系以及多元大体系的熔解性质。

3.4.1 理论模型与计算方法

研究熔解性质的理论模型与之前研究基态结构的模型是一致的，研究熔解性质时，设置单位温度 $T_0=E_0/K_B$ 使体系无量纲化。在计算所得基态结构的基础上，将系统加温至目标温度（通常目标温度 $T<2.0$，温度梯度 $\Delta T=10^{-3}$），并通过 10^5～10^6 步蒙特卡罗计算在新温度下达到平衡。利用式（1-1）和式（1-2）

定义的径向相对均方位移$\left\langle U_{\mathrm{R}}^{2}\right\rangle$和同壳层中的相对角向位移$\left\langle U_{\mathrm{a}_1}^{2}\right\rangle$来判断系统的熔解温度：

$$\langle U_{\mathrm{R}}^{2}\rangle \equiv \frac{1}{N}\sum_{i=1}^{N}(\langle r_i^2\rangle - \langle r_i\rangle^2)/a^2$$

$$\langle U_{\mathrm{a}_1}^{2}\rangle \equiv \frac{1}{N}\sum_{i=1}^{N}\left[\left\langle (\varphi_i-\varphi_{i_1})^2\right\rangle - \left\langle \varphi_i-\varphi_{i_1}\right\rangle^2\right]/\varphi_0^2$$

其中，a 为基态结构中粒子之间的平均距离；φ_0 为包含 N_{S} 个粒子的壳层中粒子之间的平均角向距离；i_1 为同一壳层中的最近邻粒子；$\langle\rangle$ 代表对体系平衡之后的 10^6 步蒙特卡罗计算求平均，并对独立的 15 次计算求平均。在此基础上，利用修正的 Lindemann 判据来判断熔解温度 T_{c}：当$\left\langle U_{\mathrm{R}}^{2}\right\rangle + \left\langle U_{\mathrm{a}_1}^{2}\right\rangle \geqslant 0.1$ 或者各自达到 0.05 时的温度为熔解温度。

3.4.2　二维二元小体系的熔解性质

1. 角向熔解性质

研究该类体系的熔解性质最关注的是不同壳层上粒子的熔解顺序。在一元体系中，之前的理论研究发现该类小体系由于受外势约束较小，总是处在外层的粒子先熔解[70]。而在二元体系中，在一定的参数下，处在内部的粒子可以先熔解。

在图 3.11 中描绘了一个典型的小二元体系[$N=19$，$N^{(1)}=12$，$N^{(2)}=7$]的同壳层中的相对角向位移$\left\langle U_{\mathrm{a}_1}^{2}\right\rangle$［图 3.11（a)］和径向相对均方位移$\left\langle U_{\mathrm{R}}^{2}\right\rangle$［图 3.11（b)］随无量纲温度 T 的变化曲线，其中图 3.11（b）中的圆点虚线为辅助线。在图 3.11（a）和（b）中，实心正方形曲线对应最内层粒子（即第一层 3 个大粒子）的结果，实心圆点曲线对应第二层 9 个大粒子的结果，实心三角形曲线对应最外层粒子（即第三层 7 个小粒子）的结果。图 3.11（a）中插图为（12，7）体系在基态的结构，第一层和第二层包含的 12 个粒子质荷比 $s^{(1)}=1.0$，最外层的 7 个粒子质荷比 $s^{(2)}=0.2$。如图 3.11（a）所示，对应最内层和第二层粒子的相对角向位移$\left\langle U_{\mathrm{a}_1}^{2}\right\rangle$（正方形曲线和圆点曲线）在非常低的温度下（$T\approx0.005$）发生了突变，而对应最外层粒子的$\left\langle U_{\mathrm{a}_1}^{2}\right\rangle$（三角形曲线）在温度 $T\approx0.045$ 达到临界值 0.05。很明显内层的 12 个大粒子首先在角向发生了熔解现象。

该现象在一元抛物势约束体系中未出现过。因为在一元体系中，由于抛物势

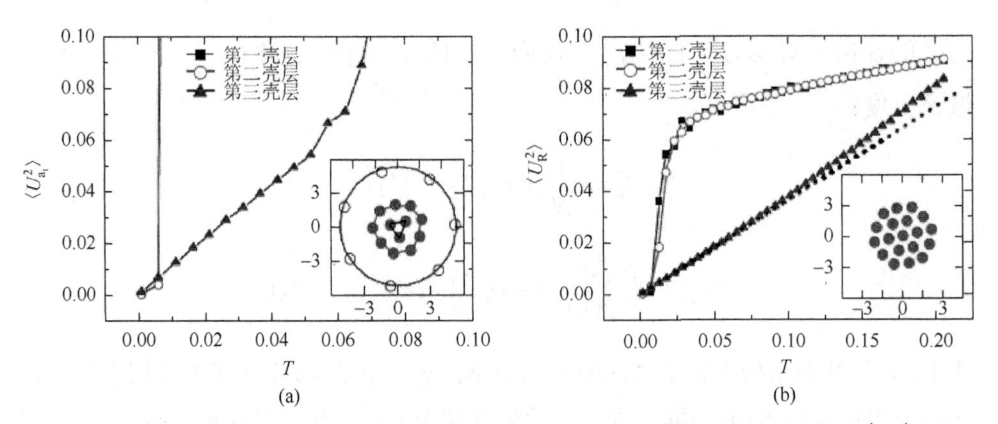

图 3.11　（a）$s^{(2)}=0.2$，$q^{(2)}=1.0$ 的（12，7）体系的同壳层中相对角向位移$\langle U_{a_1}^2\rangle$随无量纲温度 T 的变化曲线；（b）该体系径向均方位移$\langle U_R^2\rangle$随无量纲温度 T 的变化曲线

的约束在最外层是最小的，导致总是最外层的粒子先熔解，最内层粒子后熔解。图 3.11（b）中插图为包含 19 个粒子的一元体系的结构。通过比较分析图 3.11（a）与（b）插图中二元体系与一元体系的基态结构图可知，由于该二元体系中大粒子的质荷比是小粒子的 5 倍，差别较大，因此 12 个大粒子形成的壳层与外层粒子形成的壳层距离较远，破坏了原有一元体系中的角向稳定性。且内层粒子之间的角向平均距离比外层粒子之间的角向距离小得多，因此内层粒子发生相对角向位移比外层粒子发生相对角向位移要容易。换句话说，该二元体系中内部粒子的密度增大，间距变小，使得内部粒子的相对运动振幅大于外部粒子的相对运动振幅，从而更容易发生位置互换而先发生角向无序的相变，最终导致内层粒子先角向熔解的结果。

上述体系中存在内层粒子先熔解的现象，但该现象并不具备普适性。之前计算的基态结构中，二元体系结构存在复杂的相图。图 3.12 中列出了另外一个典型 $N=19$ 体系的$\langle U_{a_1}^2\rangle$-T 图和$\langle U_R^2\rangle$-T 图，图中曲线定义与图 3.11 中一致。图 3.12（a）中插图中为 $s^{(2)}=2.0$，$q^{(2)}=2.0$ 的（12，7）体系的基态构型，12 个圆圈粒子质荷比 $s^{(1)}=1.0$，占据最外壳层，7 个实心圆点粒子的质荷比 $s^{(2)}=2.0$ 为内层粒子，其中一个粒子为最中心粒子，与第二层 6 个粒子形成六角稳定结构。在该基态结构中，内层和外层之间距离较近，保持了一元体系的角向稳定性，且各层内粒子之间的平均距离差别不大，因此该体系 12 个外层粒子的同壳层相对角向位移$\langle U_{a_1}^2\rangle$在 $T\approx0.05$ 达到临界值，而内层 7 个粒子的$\langle U_{a_1}^2\rangle$在 $T\approx0.1$ 达到临界值，即外层粒子首先发生角向熔解现象。

因此二元体系不同壳层粒子的角向熔解比一元体系的性质更加复杂。在所研究的各种二元体系中，既存在内层粒子先角向熔解的现象，也存在外层粒子先角

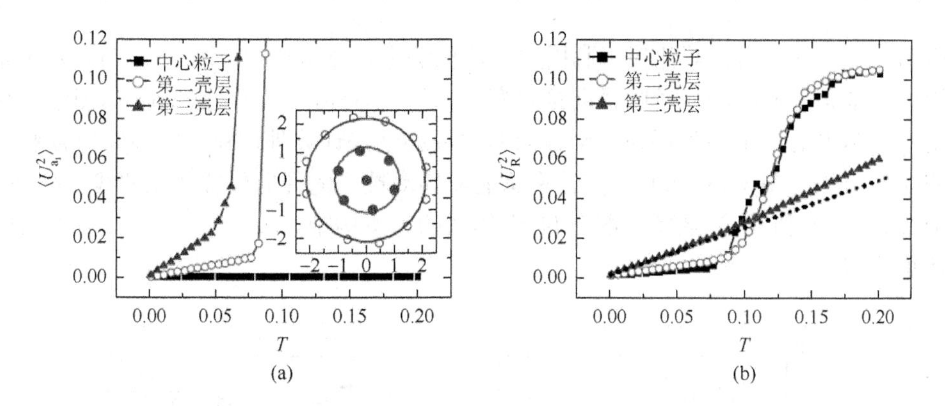

图 3.12　（a）$s^{(2)}=2.0$，$q^{(2)}=2.0$ 的（12，7）体系的同壳层中相对角向位移 $\langle U_{a_1}^2 \rangle$ 随无量纲温度 T 的变化曲线；（b）该体系径向均方位移 $\langle U_R^2 \rangle$ 随无量纲温度 T 的变化曲线

向熔解的现象，而角向的熔解性质取决于壳层受到的抛物势约束强度以及层内粒子的相对位置分布情况。而二元体系角向熔解性质的多元化将更具实际应用意义。通过调控两种粒子之间的质荷比形成特定分布的基态结构，从而达到实现调控局域熔解性质的目的。

2. 径向熔解性质

在图 3.11（b）和图 3.12（b）中，同时计算了所研究体系的径向均方位移 $\langle U_R^2 \rangle$ 随温度 T 的变化曲线。

在图 3.11（b）中，代表最内层 3 个粒子径向相对均方位移 $\langle U_R^2 \rangle$ 的正方形曲线和代表第二层 9 个粒子 $\langle U_R^2 \rangle$ 的圆点曲线非常接近，基本呈现重合状态，体现了内层粒子径向性质的一致性。如图 3.11（b）所示，内层 12 个粒子的 $\langle U_R^2 \rangle$ 在 $T\approx 0.015$ 处发生突变，在 $T\approx 0.015$ 之后呈现连续缓慢增大的趋势。与此同时，最外层 7 个粒子的 $\langle U_R^2 \rangle$ 随温度 T 的增大呈现接近线性增大的趋势，并未随温度 T 的变化而发生突变现象。同样在图 3.12（b）中，代表最中心 1 个粒子 $\langle U_R^2 \rangle$ 的正方形曲线和代表第二层 6 个粒子 $\langle U_R^2 \rangle$ 的圆点曲线基本重合，且同时在 $T\approx 0.1$ 处发生突变，突变后随温度 T 缓慢增大，而代表最外层 12 个粒子 $\langle U_R^2 \rangle$ 的三角形曲线并未随温度 T 的变化而发生突变。所研究两种体系的径向熔解性质呈现一致的现象。

通过牛顿迭代的优化方法计算粒子的径向能量分布来解释以上径向熔解性质。如图 3.13（a）中插图所示，通过把图中的一个最内层粒子（插图中的正方形粒子）由最内层沿径向向外层移动来计算内层粒子随径向位置变化的能量变化，移动该粒子的同时，其他粒子利用牛顿迭代法进行能量优化。图 3.13（a）为计算的该体系总能随移动粒子的径向位置变化曲线。另外，在图 3.13（b）插图中，通过移动图中的一个最外层粒子沿径向向内层移动来计算外层粒子随径向位置变化的能量变化。图 3.13（b）为该体系总能随移动粒子的径向位置变化曲线。另外，图 3.13（a）和（b）插图为图 3.11 中体系的基态构型，（c）和（d）对应图 3.12 体系的结果。

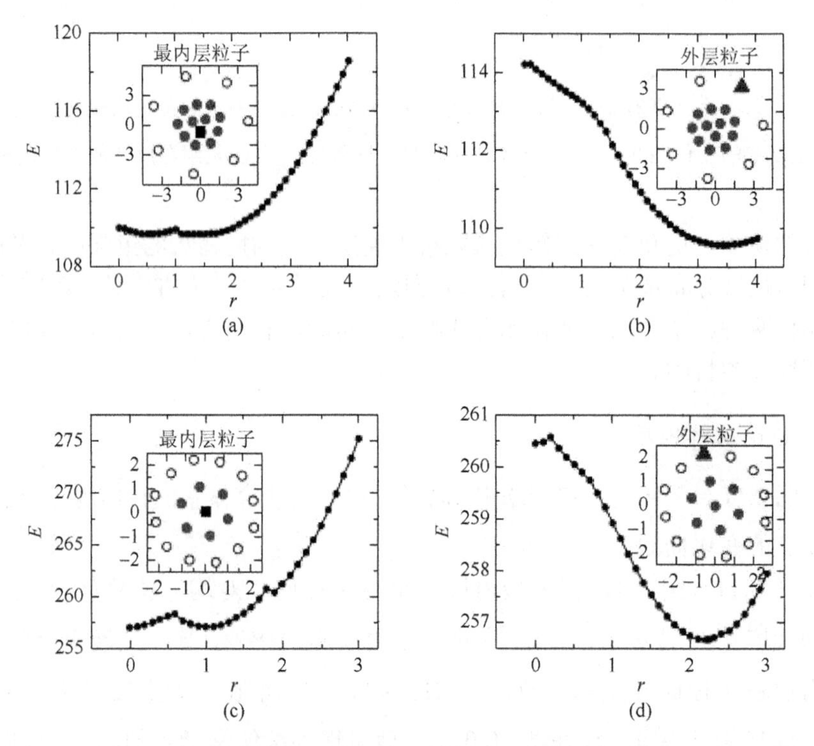

图 3.13　（a，c）体系的能量随一个最内层粒子（对应插图中的实心正方形粒子）径向位置变化的曲线；（b，d）体系的能量随一个最外层粒子（对应插图中的三角形粒子）径向位置变化的曲线

比较图 3.13（a）和（b），当一个最内层粒子移动到第二层［（a）中 $r=0.0\sim1.5$］时存在一个较小的能量势垒（$\Delta E\approx0.4$）；而当一个最外层粒子向内层移动［（b）中 $r=4.0\sim0.0$］时，能量势垒要高得多（$\Delta E\approx4.0$）。这说明，不同壳层的同种粒子之间的能量势垒比不同粒子之间的能量势垒低得多。因此在 $T\approx0.015$ 处内层 12 个粒子发生径向均分位移的突变，对应内层粒子的径向熔解。当 T 继续升高，由于此时内层粒子距离最外层粒子较远，仍不存在内层粒子径向位移到最外层粒子的位置，因此内层粒子的径向均方位移随 T 的线性升高呈现连续缓慢增大的趋势，如

图 3.11（b）所示。与此同时，最外层粒子向内层径向移动存在较高的能量势垒，因此不存在与内层粒子发生位置互换或两种粒子混合状态的现象，从而最外层粒子的径向均分位移随温度 T 的线性升高呈现准线性的连续增长趋势，如图 3.11(b)所示。该增长趋势比内层粒子的增长趋势要快，主要是由于外层粒子受到抛物势约束更小。图 3.13（c）和（d）中的能量随径向位置变化的曲线，同样解释了图 3.12（b）中的各个性质，其与图 3.11（b）具有相同的性质，在此不再赘述。

因此，基于以上分析可知，二元体系中不同种粒子之间的径向不均匀分布导致了它们之间存在较高的能量势垒，使得在二元体系中出现两种粒子在径向发生位置互换或混合状态的可能性较小，从而很难发生径向的一级相变，导致径向均方位移随温度连续增大的现象。特别需要指出的是，图 3.11（b）和图 3.12（b）中径向均分位移 $\langle U_R^2 \rangle$ 的突变现象只存在于内层两层同种粒子之间，若内层仅有一个壳层，则推测 $\langle U_R^2 \rangle$ 并不发生突变，而是发生连续增大的行为。接下来（5，5）体系的计算验证了该推断，如图 3.14 中列出了两个典型二元小体系的径向均方位移 $\langle U_R^2 \rangle$ 随无量纲温度 T 的变化曲线。图 3.14（a）中体系对应 $s^{(2)} = 0.1$，$q^{(2)} = 1.0$ 的（5，5）体系，图 3.14（b）中体系对应图 3.11 中的 $s^{(2)} = 0.2$，$q^{(2)} = 1.0$ 的（12，7）体系。如图 3.14（a）所示，插图中该（5，5）体系的基态结构呈现两个壳层结构，每种粒子占据一个壳层。相应内层 5 个粒子的 $\langle U_R^2 \rangle$ 随温度呈现低于线性变化的连续增长趋势，外层 5 个粒子的 $\langle U_R^2 \rangle$ 随温度呈现高于线性变化的连续增长趋势。同样在图 3.14（b）中，将温度继续升高到 $T = 1.0$ 仍然呈现不同壳层粒子的径向连续变化趋势，体现了二元体系中不同种粒子间能量势垒的作用。

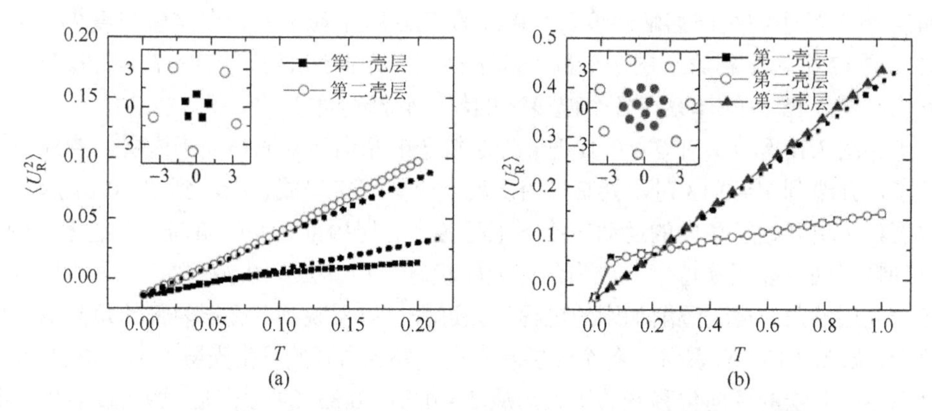

图 3.14　不同二元小体系的径向均方位移 $\langle U_R^2 \rangle$ 随无量纲温度 T 的变化曲线

（a）（5，5）体系；（b）（12，7）体系

3.4.3　二维多元大体系的熔解性质

在二元体系熔解性质的基础上，将研究范围拓展到多元体系的熔解性质。多元体系最显著的特点是其形成的多壳层结构。因此更关注含有多个壳层的体系，同时为了与前面较小二元体系相区分，主要对较大体系进行了研究。所用方法仍然是正则系综的蒙特卡罗方法，判断熔解的条件与二元体系中所用的修正的 Lindemann 判据相同。图 3.15 中分别给出了一个 100 粒子体系的基态结构及各个壳层的角向相对位移 $\left\langle U_{a_1}^2 \right\rangle$ 和径向均方位移 $\left\langle U_R^2 \right\rangle$ 随温度 T 的变化曲线。该体系中含有五种粒子，即一个典型的五元体系。

图 3.15 中的五元体系含有五种粒子，其具体参数空间为：$N^{(k)}=(37, 25, 19, 12, 7)$，$s^{(k)}=(1, 2, 3, 4, 5)$，$q^{(k)}=(1, 2, 3, 4, 5)$。其形成的基态结构如图 3.15（a）所示，是一个五壳层结构，从内到外壳层上的粒子数分别为（7，12，19，25，37），将最中间的（1，6）当作一个壳层。这与之前得到的质荷比较大的粒子占据内层的规律是相符的。在图 3.15（a）～（c）中，实心五角形曲线对应最外层即第五壳层的结果，空心菱形曲线对应第四壳层，实心三角形曲线对应第三壳层，空心圆形曲线对应第二壳层，实心圆形曲线对应第一壳层，在图 3.15（c）中的实心正方形曲线代表最中心一个粒子的径向均方位移结果。该体系是多元体系的一个典型体系，主要原因在于其形成的多壳层结构与相应一元体系相比具有较好的壳层结构，且无明显的结构缺陷存在。

首先考虑该多元体系的角向熔解性质。图 3.15（b）中的 $\left\langle U_{a_1}^2 \right\rangle$-$T$ 曲线显示，最外层（即第五层）37 个粒子的 $\left\langle U_{a_1}^2 \right\rangle$ 在 $T_5 \approx 0.13$ 达到临界值发生角向熔解，第四层 25 个粒子的角向熔解温度 $T_4 \approx 0.2$，第三层 19 个粒子的角向熔解温度 $T_3 \approx 0.3$，第二层 12 个粒子和第一层 7 个粒子基本在同一角向熔解温度 $T_2 \approx T_1 \approx 0.5$。图 3.16 列出了图 3.15 中的体系在各个温度下的粒子轨迹分布。

如图 3.16 所示，在 $T=0.01$ 时，外层粒子的角向运动明显大于内层仍然局域的粒子，升温到 $T=0.13$ 时，只有最内层粒子仍然保持局域状态，到 $T=0.14$ 后，最内层粒子也开始了角向的运动。接下来是各个壳层内部之间的角向运动继续加剧，直到粒子间可以互换位置，成为角向无序状态，$T=0.25$～0.50 这三个图即显示了各个壳层的角向运动逐渐加剧的过程。该过程可以反映到各壳层内部的角向均方位移上，如图 3.15（b）所示，各个壳层基本是从外到内开始发生壳层内部的角向无序。之后各个壳层的径向位移开始增大，从 $T=0.75$～0.85 的粒子轨迹图可以看出；到 $T=0.90$ 时，内层体系基本已呈现熔解状态。观察各个壳层径向均方位移 $\left\langle U_R^2 \right\rangle$ 随温

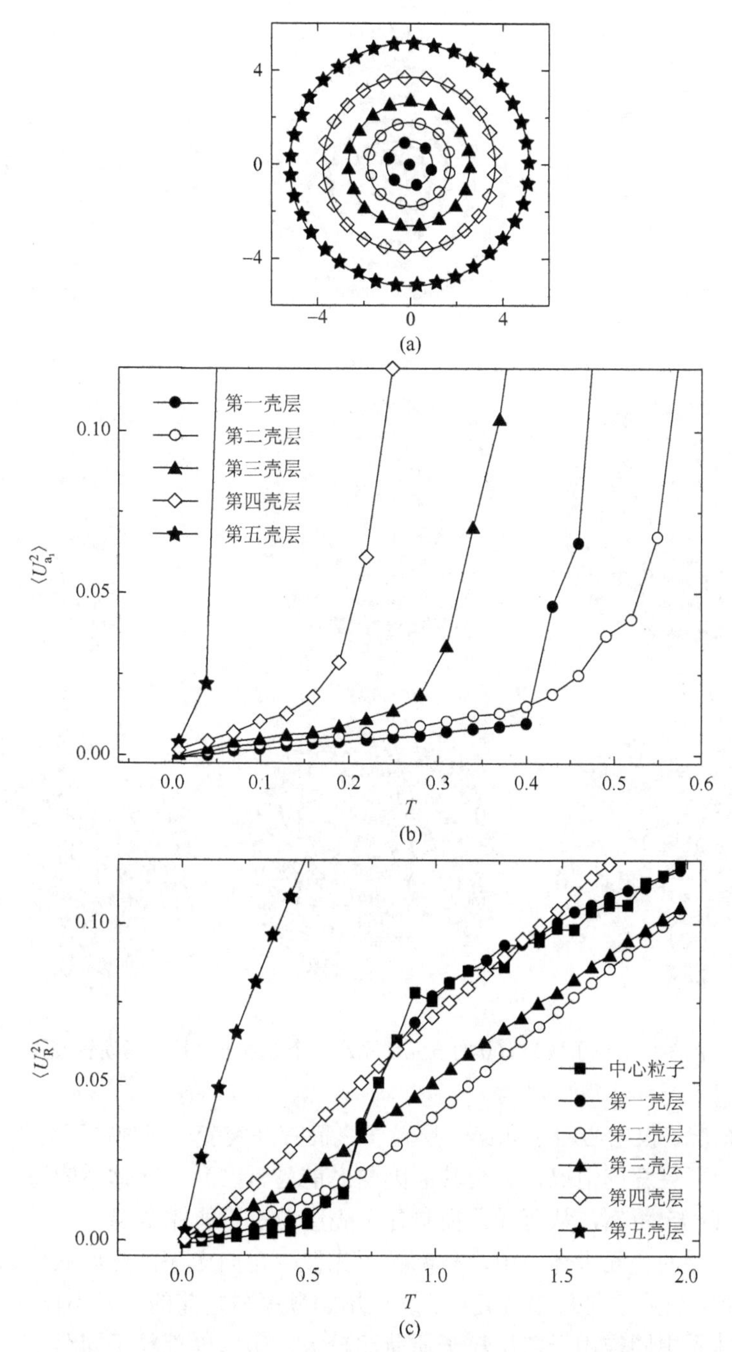

图 3.15　(a) $N=100$ 的典型五元粒子体系的基态构型；(b) 该体系各个壳层的角向相对位移 $\langle U_{a_1}^2\rangle$ 随无量纲温度 T 的变化曲线；(c) 该体系各个壳层的径向均方位移 $\langle U_R^2\rangle$ 随无量纲温度 T 的变化曲线

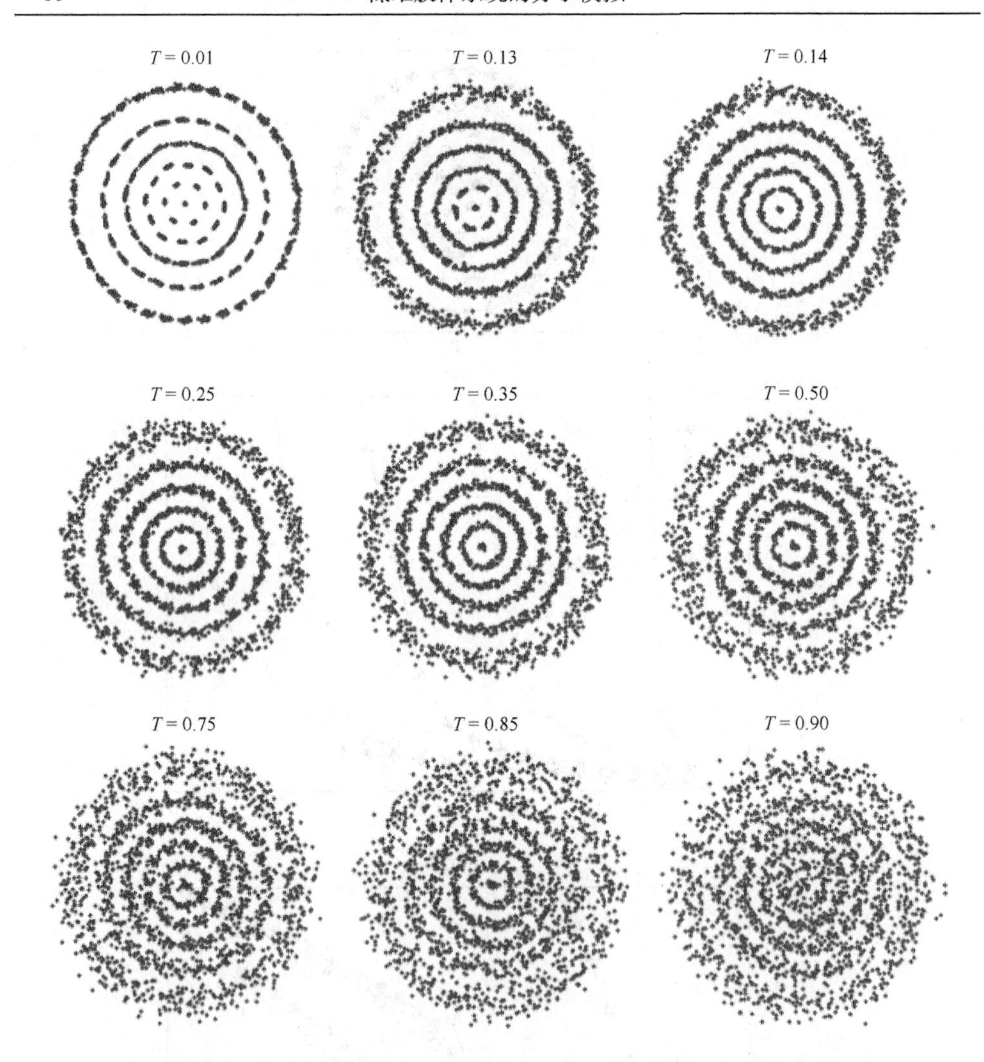

图 3.16　粒子数为 100 的五元体系在 9 个温度下的粒子运动轨迹图

度的变化情况，仅中心粒子和第一层粒子之间存在突变（同种粒子），其余各个壳层基本未出现突变的情况，分析其原因与之前（5，5）二元体系的情况相同，由于壳层间有一定距离，从而导致径向各个壳层粒子不能完全混合。

在多壳层的多元大体系中，外部粒子先发生角向无序，然后从外到内各个壳层依次熔解，最后才是最中心壳层。这个熔解顺序与之前的二元小体系是相反的。在多元大体系中同样由于内层粒子质荷比较大，所以内部粒子间距较小，外层粒子间距较大。但同时由于体系较大，外层粒子的抛物势约束和内层粒子相比要小很多，使得外层粒子的绝对运动振幅要远大于内部粒子，从而导致外层粒子的相对运动振幅也大于内部粒子，即外部粒子更容易发生位置互换，表现为外部粒子先熔解。另外，在多元大体系中并没有发现类似于在一元大体系中的中间壳层先熔解的现象。分析其原因，在一元大体系中，中心形成平面六角形结构，外部形成圆形壳层结构，因此在中间过渡部分形成缺陷较多的壳层，这个部分首先熔解。而在此研究的多元大体系中，质荷比相同的粒子形成一个壳层，且各种粒子形成的各个壳层相对较为独立，间距较大，即使内部形成平面六角形结构，也不影响外层的圆形壳层结构，也就是说在多元体系中间并没有缺陷较多的壳层部分，也就不会从中间开始熔解。

总结以上结果，主要通过蒙特卡罗和牛顿迭代法相结合的方法对抛物势约束中的二维多元胶体的类库仑相互作用体系进行了模拟。对该类体系的基态结构、本征振动频谱、振动模式以及熔解性质进行了系统分析，发现了其基态具有的丰富相图，以及一系列有趣的性质和规律，并通过建立物理模型和解析求解对其进行了物理解释。

首先在二维多元体系中，质荷比相同的粒子倾向于占据同一壳层，且质荷比大的粒子占据内部壳层，通过采取对每种粒子独立分析的方法，建立了一个简单的模型，得出每种粒子的平均占据位置与这种粒子的质荷比直接相关。另外，系统分析了二元体系中第二种粒子的质荷比[$s^{(2)}$]对体系结构、本征振动频谱以及最低不为零振动频率的影响。结果发现，对所研究的二元体系，当第二种粒子的质荷比足够大[$s^{(2)}>2$]时（第一种粒子的质荷比为 1），体系往往形成相类似的结构，其内部粒子的排布形式基本相同，同时外部粒子形成的壳层位置与相应一元体系的位置一致。该临界质荷比[$s_t^{(2)}=2$]的发现有可能用于相关实验中预测未知的体系以及构建预期的壳层结构。

对于多元体系的基态结构，每种粒子的质荷比仍然是决定体系壳层结构的关键参数。同时最外层粒子形成的结构、各层粒子数分布、各种粒子质量和带电量的具体取值都对体系的具体结构有影响。通过选择质荷比相差较大，且各层粒子数相匹配的体系，可以得到预期的多壳层结构。在本征振动方面，解析求解和数值模拟均发现，多元体系的本征振动频谱仍然存在三种固有的本征振动频率，这主要是由抛物形约束势的径向对称性所导致的。多元体系的相变过程呈现出更丰富的现象。研究二元小体系的熔解性质发现，其内部质荷比较大的粒子先熔解。主要原因在于体系较小，内外粒子受抛物势约束相差不大，同时内部粒子的间距较小，使得在相同热涨落下内部粒子更容易发生位置互换而首先角向无序。而在多元大体系中则由于体系较大，外层粒子受抛物势约束远小于内部粒子，因而表现为从外到内依次熔解。因此体系的熔解性质与体系的大小有直接关系，同时体系的具体结构对其也有影响。

第4章　硬壁势约束中的低维胶体系统

4.1　硬壁势约束中二维二元经典胶体系统模拟

研究硬壁势约束中低维胶体系统可以为相应的典型实验提供理论支持。例如[10]，在该实验中，K. Mangold 等观察到了由两种胶体颗粒形成的晶格结构，同时之前的理论工作系统模拟了硬壁势约束中的同种粒子体系的基态性质[85]，并对此类二元体系的熔解性质进行了研究[118]。在已有工作基础上，进一步系统研究了在硬壁势约束中的二维二元体系的基态结构和振动模式。接下来系统讲述约束在圆形硬壁势中的二维二元库仑相互作用体系的基态结构和本征振动模式，发现了一系列与一元体系、抛物势约束体系不同的特殊的性质和规律[134]。在总结这些规律的同时，也给出了其物理解释。

4.1.1　理论模型及计算方法

首先介绍在数值模拟中使用的理论模型和计算方法。结合典型的实验条件[10]，其外加约束势是圆形硬壁，即粒子在硬壁以内不受力，而在超出硬壁范围时受无穷大的力，也就是说，粒子被局域在一定范围内。同时，考虑粒子间的相互作用，在实验中粒子间相互作用可以被约化成偶极矩相互作用，而在对同种粒子体系的理论模拟中[85]，考虑了库仑相互作用、偶极矩以及屏蔽库仑作用，结果发现三种作用对体系的基态和振动模式并没有实质的影响。而在这三者中，库仑作用是应用最广泛的势模型，所以我们在理论模型中选取库仑相互作用为粒子间相互作用。概括地说，理论模型即“硬壁势＋库仑相互作用”的二元有限系统模型。

具体在模型中，第一种粒子的粒子数、带电量和质量分别设为$N_{\mathrm{f}},Q_{\mathrm{f}}e,M_{\mathrm{f}}$，第二种子则分别为$N_{\mathrm{v}},Q_{\mathrm{v}}e,M_{\mathrm{v}}$，其中$e$代表单位电荷。为了简化参数，引入两种粒子的带电量之比$C_{\mathrm{r}}=Q_{\mathrm{v}}/Q_{\mathrm{f}}$，令$C_{\mathrm{r}}>1$，并引入两种粒子的质量之比$M_{\mathrm{r}}=M_{\mathrm{v}}/M_{\mathrm{f}}$。体系的基态为静态性质，不考虑体系的动能，因此该模型下体系基态的哈密顿量（势能）可以表示为

$$H=\sum_{i=1}^{N}V(R_i)+\frac{Q_{\mathrm{f}}^2e^2}{4\pi\varepsilon R_{\mathrm{h}}^{n'}}\sum_{i>j=1}^{N_{\mathrm{f}}}\frac{R_{\mathrm{h}}^{n'}}{\left|\vec{R}_i-\vec{R}_j\right|^{n'}}+\frac{Q_{\mathrm{v}}^2e^2}{4\pi\varepsilon R_{\mathrm{h}}^{n'}}\sum_{k>l=1}^{N_{\mathrm{v}}}\frac{R_{\mathrm{h}}^{n'}}{\left|\vec{R}_k-\vec{R}_l\right|^{n'}}+\frac{Q_{\mathrm{f}}Q_{\mathrm{v}}e^2}{4\pi\varepsilon R_{\mathrm{h}}^{n'}}\sum_{m=1}^{N_{\mathrm{f}}}\sum_{n=1}^{N_{\mathrm{v}}}\frac{R_{\mathrm{h}}^{n'}}{\left|\vec{R}_m-\vec{R}_n\right|^{n'}} \tag{4-1}$$

同时约束的硬壁势可以表示为

$$V(R)=\begin{cases}0 & ,R<R_{\mathrm{h}}\\ \infty & ,R\geqslant R_{\mathrm{h}}\end{cases} \tag{4-2}$$

其中，$N=N_{\mathrm{f}}+N_{\mathrm{v}}$，代表体系的总粒子数；$R_{\mathrm{h}}$ 为圆形硬壁的半径；ε 为粒子所在介质的介电常数；$\vec{R}_i=(x_i,y_i)$，为第 i 个粒子的位置，在极坐标中第 i 个粒子距离原点的距离是 $R_i=\left|\vec{R}_i\right|$。从式（4-1）中可以看出，体系的基态能量与粒子的质量无关。因此在讨论基态时，只讨论带电量不同对系统的影响。

为了数值模拟的方便，一般将理论模型简化为无量纲的形式。这里选择 R_{h} 为单位长度，$Q_{\mathrm{f}}e$ 为单位带电量，$E_0=Q_{\mathrm{f}}^2e^2/4\pi\varepsilon R_{\mathrm{h}}$ 为单位能量，则式（4-1）可以化简为

$$H=\sum_{i>j=1}^{N_{\mathrm{f}}}\frac{1}{\left|\vec{r}_i-\vec{r}_j\right|^{n'}}+\sum_{k>l=1}^{N_{\mathrm{v}}}\frac{C_{\mathrm{r}}^2}{\left|\vec{r}_k-\vec{r}_l\right|^{n'}}+\sum_{m=1}^{N_{\mathrm{f}}}\sum_{n=1}^{N_{\mathrm{v}}}\frac{C_{\mathrm{r}}}{\left|\vec{r}_m-\vec{r}_n\right|^{n'}} \tag{4-3}$$

同时硬壁势的约束则为

$$V(r)=\begin{cases}0, & r<1\\ \infty, & r\geqslant 1\end{cases} \tag{4-4}$$

其中，$\vec{r}_i$ 为约化后第 i 个粒子的位置；C_{r} 实际上为约化后第二种粒子的带电量；第一种粒子的约化带电量为 1。在本节的计算中，$n'=1$，即粒子间是库仑排斥相互作用。

接下来介绍主要使用的计算方法：使用了蒙特卡罗与最速下降法相结合的方法以求得在不同参数下二元体系的基态能量及构型。通常在每个参数空间下给出 10^4 个初始构型，并在每个构型下进行 10^4 步蒙特卡罗随机行走和 10^8 步最速下降推移。然后在得到的 10^4 个基态结构中，再比较能量值，最终找出能量最低构型，即所需要的基态结构 $\{r_{\alpha,i}^0,\alpha=x,y;i=1,\cdots,N\}$。求得基态结构的基础上，同时考虑体系的动能，以模拟体系的动力学性质。根据理论力学中关于多自由度力学体系的小振动的原理[133]，可以直接对角化体系的动力学矩阵：

$$H_{\alpha\beta,ij}=\left.\frac{\partial^2 H}{\sqrt{m_i m_j}\,\partial r_{\alpha,i}\partial r_{\beta,j}}\right|_{r_{\alpha,i}=r_{\alpha,i}^0} \tag{4-5}$$

从而得到系统的本征振动频谱以及各个振动模式的矢量图。式(4-5)中 $m_i=M_i/M_{\mathrm{f}}$，是每个粒子约化后的质量，则第一种粒子的约化质量为 1，而第二种粒子约化质量为 M_{r}。相应所求得的振动频率也是无量纲的，其单位是 $\omega'=\sqrt{E_0/M_{\mathrm{f}}R_{\mathrm{h}}^2}$。有关求解本征振动频谱的原理及过程与抛物势中的体系相同，详见附录中对抛物势中两

粒子体系本征振动频谱的解析过程。下面将依次讨论该体系基态结构以及本征振动模式的特点。

4.1.2 硬壁势约束中二维二元系统基态结构

本节将分别对一元体系和二元体系的基态结构特点进行系统的讨论。

1. 一元体系的结构

在进行对二元系统的模拟之前，本研究先计算了不同粒子数的一元系统以确定程序的稳定性和正确性。图 4.1 中是本研究得到的同种粒子体系的一些典型结构。从图中可以看出该体系粒子结构的壳层特征非常明显，而且外部粒子密度明显高于内部。这是由于被强制限域在圆形硬壁中的粒子体系，没有类似于正电荷背景的约束，粒子间相互排斥力导致了粒子将优先占据在最外部（即紧贴在硬壁上），当外部粒子超过一定数目后才将后来的粒子推进内部，形成新的壳层。因此可以看到图中随着总粒子数的增多，内层粒子数发生 0→1→2→3→4→5→6 的变化，然后形成更多一层的趋势。与此同时，图 4.1 中给出的是内层最先出现这些粒子数的体系，例如，$N=22$ 是内层最先出现四个粒子的体系。该结果与之前的理论结果[85]是一致的，证实了程序的可靠性。

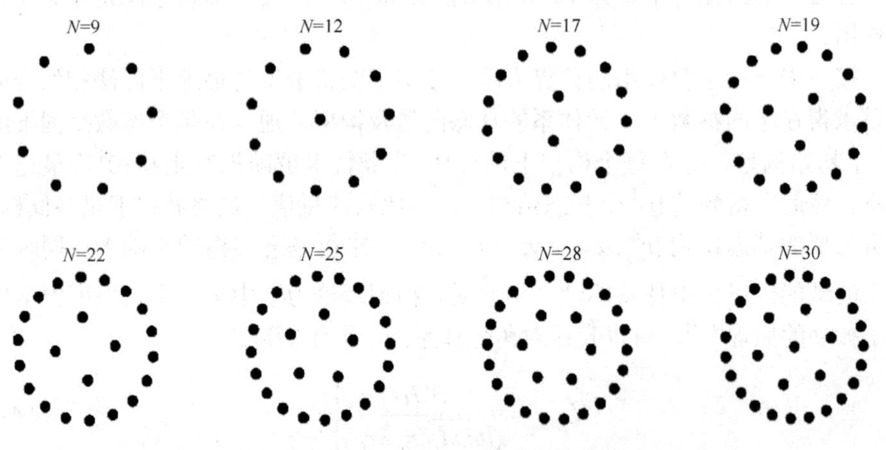

图 4.1 硬壁势约束中的二维同种粒子体系的典型基态构型

2. 二元体系基态能量和典型结构

二元体系的模拟计算比一元体系复杂。从体系的基态哈密顿量出发，含有第一种粒子数 N_f、第二种粒子数 N_v 以及两种粒子之间的电荷比 C_r 三个变量。因此如何选取合适的参数进行计算是很重要的。对于二元体系来说，主要关注新加入的大电荷粒子将对整个体系壳层结构的影响。因此在实际模拟中，首先确定 N_v 和 C_r，然后增加小粒子数，观察大粒子对逐渐增多的小粒子的作用如何变化。

在研究二元体系的具体结构之前，首先对不同二元体系的基态能量与同种粒子系统进行比较分析。图 4.2 是硬壁势约束中不同体系的平均能量随着体系总粒子数的变化曲线。图中（1）～（7）每条曲线对应一系列 (N_v, C_r) 确定而总粒子数 N 变化的体系，其参数 (N_v, C_r) 取值分别是 $(0,1),(5,2),(6,2),(5,4),(6,4),(5,8),(6,8)$，具体取值标注在图的上方，该顺序正是图中各个曲线自下而上依次排列的顺序。由此可见，当大电量的粒子数增多和其带电量增大时，都使体系的平均能量上升，这是显而易见的。与此同时发现，对曲线（4）～（7）来说，即 C_r 较大的体系，都有一个先降低再升高的趋势，在（6）、（7）两条曲线中尤为明显。而图中的（1）～（3）曲线，即对应同种粒子体系和 C_r 较小的体系，其平均能量是单调上升的。对于（4）～（7）每个曲线，都能找到一个此曲线的最低点，即一组确定的 (N_v, C_r) 取值所对应平均能量最低的体系。在曲线（4）中，即 $(N_v, C_r) = (5,4)$ 的一系列系统，其最低点对应总粒子数 $N = 7$ 的体系。类似地，在曲线（5）的（6，4）体系中最小能量体系对应 $N = 10$，在曲线（6）的（5，8）体系中最小能量体系对应 $N = 19$，在曲线（7）的（6，8）体系中最小能量体系对应 $N = 24$。

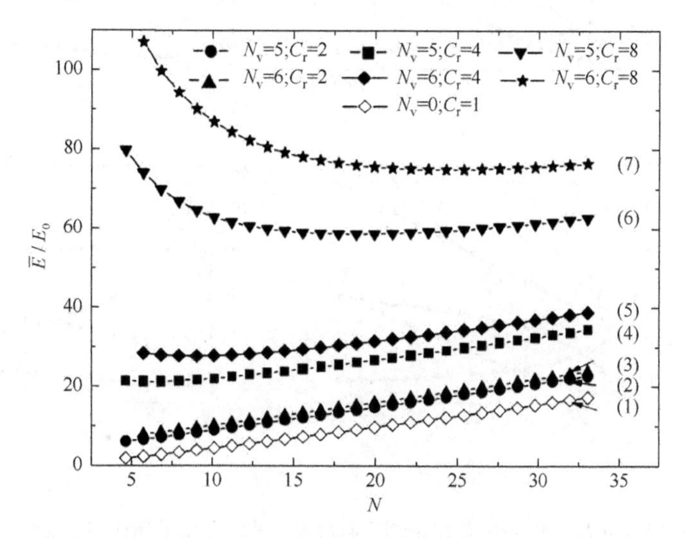

图 4.2　硬壁势约束中不同二元体系的平均能量随着体系总粒子数的变化曲线

另外，图 4.2 中部分曲线先降低再升高的趋势是比较奇特的。因为在之前研究的所有同种粒子体系中，不管外势是抛物势[70, 91]还是硬壁势[85]，体系的平均能量总是随着总粒子数 N 的增加而单调上升的，如同图 4.2 中的（1）～（3）曲线的趋势。

下面来解释该现象。首先从体系基态哈密顿量入手。从式（4-3）可以看出，基态总能量 E 分三个部分组成：小粒子之间的相互作用能（设为 E'）、大粒子之间的相互作用能 E''和两种粒子之间的相互作用能 E'''。则每个体系的平均总能量就可以由这三部分能量各自的平均值加和而成，即有 $E/N = E'/N + E''/N + E'''/N$。因而图 4.2 中的每条曲线可以分成三条曲线，如其中的曲线（2），在图 4.3（a）中为实心五角形曲线（E/N 曲线），其在图 4.3（a）中分成了三条曲线，分别对应平均小粒子间作用能 E'/N（对应图中实心四角形曲线）、平均大粒子间作用能 E''/N（对应图中实心圆点曲线）和平均大小粒子间作用能 E'''/N（对应图中实心三角形曲线）随总粒子数 N 的变化趋势。在图 4.3（b）～（d）中也列出了图 4.2 中原曲线（6）、（3）、（7）类似的能量分解图。图 4.3（a）～（d）中的实心五角形曲线旁标注的数字即是对应图 4.2 曲线的编号，且在每个图中的体系有一组确定的(N_v，C_r）取值，其标注在每个图的右上角。

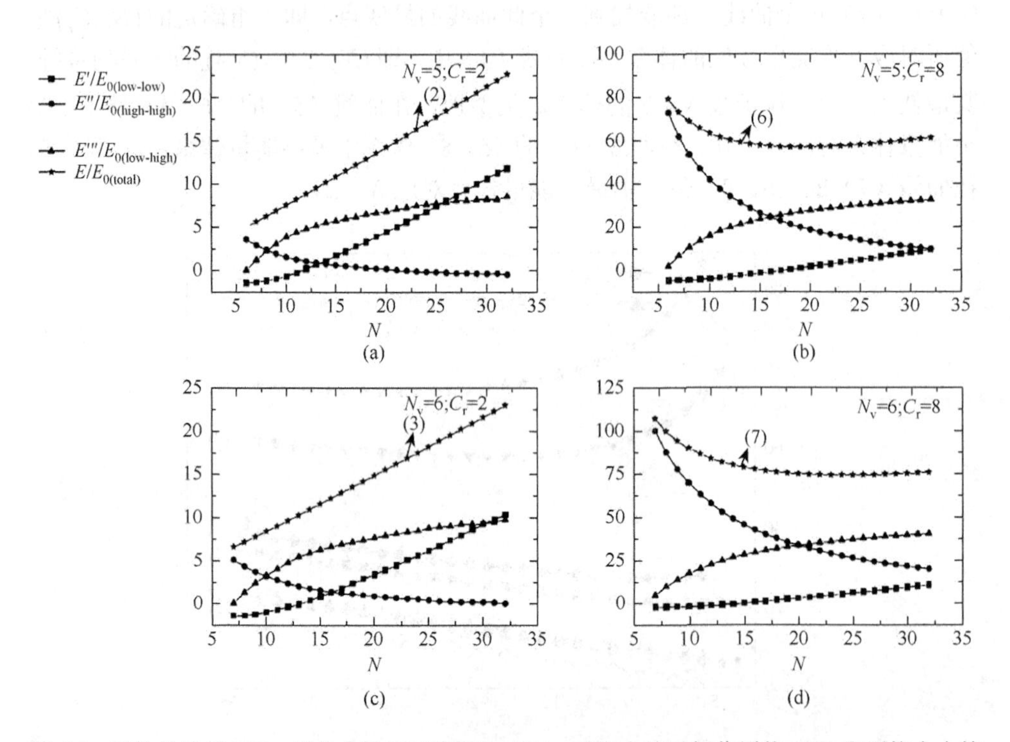

图 4.3　平均总能量 E/N、平均小粒子间作用能 E'/N、平均大粒子间作用能 E''/N 和平均大小粒子间作用能 E'''/N 随总粒子数 N 的变化曲线

在图 4.3（a）～（d）中，还可以看到大粒子间的平均作用能 E''/N 总是降低的。这是显然的，因为在每个图中的各个体系都有一组确定的(N_v,C_r)取值，当大粒子

数以及带电量确定之后，E''基本不变，于是平均值 E''/N 随着总粒子数的增加而单调下降。相反，E'/N 和 E'''/N 随着小粒子数目的增多而使相关的平均能量增大。因而形成了 E''/N 和$(E'+E''')/N$ 相互竞争的状态。当大粒子数占比例较多或者带电量较大时，大粒子间的平均相互作用在平均能量中占决定性作用。例如，在图 4.3（b）中，大粒子带电量是小粒子的 8 倍（$C_r=8$），在总粒子数 $N<15$ 时，大粒子间的平均作用能 E''/N 远大于其他两项，从而导致体系平均能量随粒子数 N 增加呈下降的趋势。而当体系粒子数继续增多，也就是小粒子数继续增多，缓慢增加的 E'/N 和 E'''/N 超过了 E''/N 的比例，从而使体系的平均总能量开始呈上升趋势。图 4.3（d）中也有相同的情况，其中体系对应参数为 $N_v=6, C_r=8$。相反，如果一开始小粒子的作用就占多数，就会使体系的平均能量一直单调上升，如图 4.3（a）和（c）所示，其对应体系的 $C_r=2$，体系中大粒子的带电量仅是小粒子的两倍。

概括地说，这种二元体系中平均总能随总粒子数先下降后上升的趋势是由固定大粒子参数(N_v,C_r)的选取引起的。该趋势也说明，在一组确定的(N_v,C_r)参数下，总有一个 N 粒子体系对应的平均能量最低，使得这个体系更为稳定。在实际实验中，总要在确定这样的一组参数下进行实验，而该组参数下最低平均能量体系的发现对实验中如何调配两种粒子之间的粒子数比例具有一定的指导意义。

接下来讲述二元体系基态结构的具体特点。图 4.4 中给出了模拟得到的二元体系的典型基态构型。图中每一行的四个构型对应一组相同的(N_v, C_r)取值，其标注在每一行的最左方，自上而下分别是$(5,2),(5,4),(5,8),(6,2),(6,4),(6,8)$。另外，图中每个构型包含的总粒子数 N 标注在各个构型上方。每个构型中，圆圈代表带电量为 C_r 的大粒子，实心圆点代表带电量为 1 的小粒子。在图 4.4 所有构型图中，由于能量最低原理，库仑排斥总是将作用较强的粒子推到最外面，因此圆圈的大粒子总是处在最外层，即紧贴硬壁的位置。同时，一部分小粒子也处于最外层，且位于各个大粒子的间隔位置，将各个大粒子分隔开来。

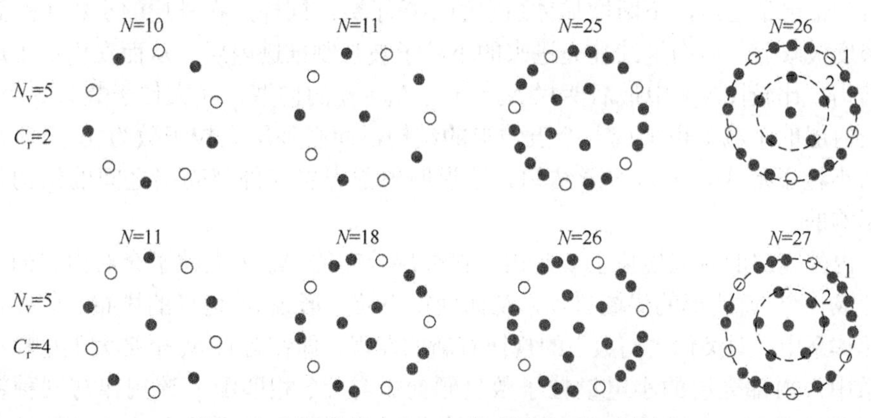

图 4.4　硬壁势约束中二元体系的典型基态构型

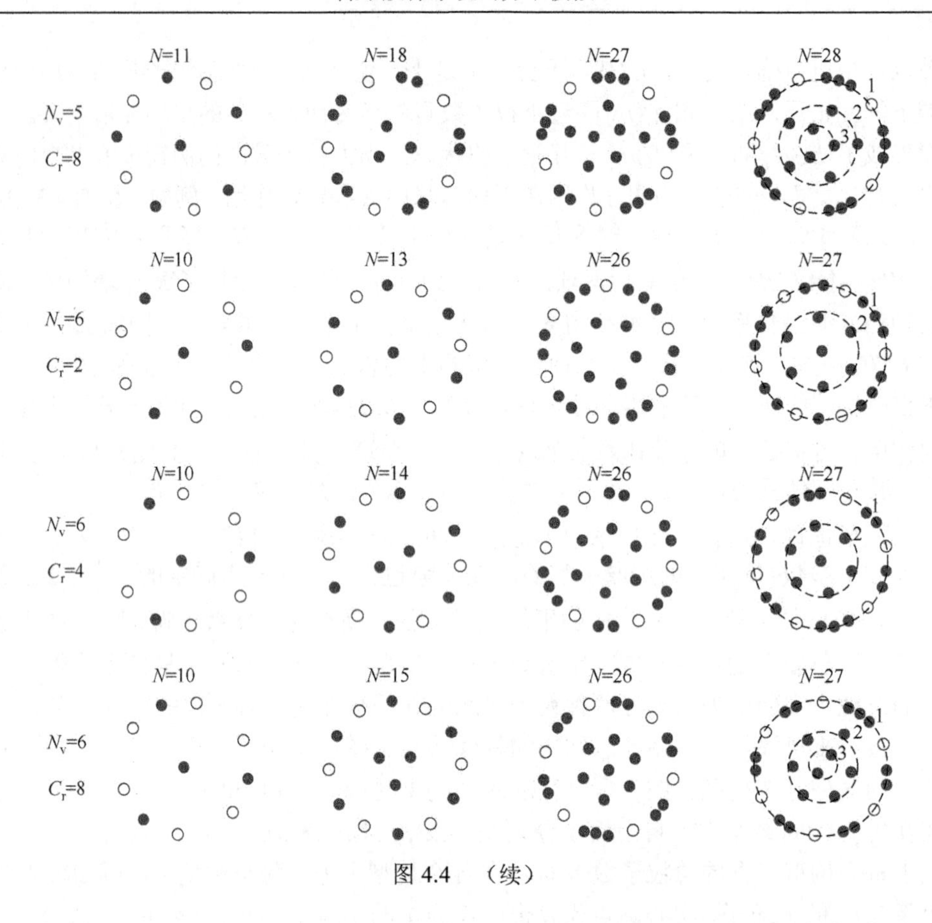

图 4.4　（续）

在图 4.4 的二元体系构型中，最突出的依然是各个构型的壳层结构特点，这是由圆形硬壁势的对称性所导致的。在最后一栏的四个构型，对应粒子数较多的体系，图中用圆环标记出了各个图中的壳层结构。在模拟过程中，确定大粒子的数目和带电量之后，不断增加体系中的小粒子数。同样，在外层的小粒子达到一定密度极限后，后面继续补充进来的小粒子被强制推进内层，从而在内层形成壳层结构。比较图 4.4 中最后两栏 $N_v = 5$ 与 $N_v = 6$ 的构型，在大粒子数为 5 个时，相应内层的小粒子也形成一个五边形的结构，而当外层大粒子数为 6 个时，内层的小粒子形成一个六边形结构。这说明内部壳层与外部壳层之间的结构是相互影响的。

内外壳层的对应现象主要是由于在外层分布的 N_v 个大粒子会对内层的小粒子形成一个 N_v 边形的局域势场，从而使得小粒子形成 N_v 边形的排布。因此，在二元体系中，对类似“幻数”的规律有新的发现：即在含有 N_v 个带大电量粒子的体系中，内部壳层的小电量粒子数目倾向于与 N_v 相匹配。该规律与同种粒子体系非常不同。在抛物势约束中的库仑作用体系中，最内层上的粒子数目不超过 5 个[70, 91]，而在硬壁势的同种粒子体系中，内层粒子数超过 6 个时即会形成新的壳层[85]。总的来说，二元体系中内层小粒子的排布主要取决于外层大粒子的分布以及大粒子对小粒子的作用强度，尤其在 $C_r>2$ 的体系中尤为明显。由此可见，引入带电量较大的粒子确实使体系的基态结构有了很重要的变化，其参数 (N_v,C_r) 的选择对体系的具体结构有决定性的影响。

3. 二元体系各壳层的粒子排布特点

表 4.1 中列出了含有 6～30 个粒子的体系各壳层上的粒子数排布（N_1, N_2, N_3）。N_1 代表最内层粒子数，N_2、N_3 分别是第二层、最外层上的粒子数。为方便与同种粒子体系以及二元体系之间相互比较，表中列出了各种参数取值 N_v、C_r 的粒子体系。其中，在表 4.1 的纵列中，$N_v=0$ 的纵列代表同种粒子体系，其他 N_v、C_r 取值的纵列代表相应的二元体系。

表 4.1　硬壁势约束势中含有 6～30 个粒子的体系各壳层上的粒子数排布(N_1, N_2, N_3)

N	$N_v=0$	$N_v=5$			$N_v=6$		
		C_r=2	C_r=4	C_r=8	C_r=2	C_r=4	C_r=8
6	6	6	6	6	6	6	6
7	7	7	7	7	7	7	1，6
8	8	8	8	8	8	8	1，7
9	9	9	9	9	9	1，8	1，8
10	10	10	1，9	1，9	1，9	1，9	1，9
11	11	1，10	1，10	1，10	1，10	1，10	1，10
12	1，11	1，11	1，11	1，11	1，11	1，11	2，10
13	1，12	1，12	1，12	2，11	1，12	2，11	2，11
14	1，13	1，13	2，12	2，12	1，13	2，12	2，12
15	1，14	2，13	2，13	2，13	2，13	2，13	3，12
16	1，15	2，14	3，13	3，13	2，14	3，13	3，13
17	2，15	2，15	3，14	3. 14	3，14	3，14	4，13
18	2，16	3，15	3，15	3，15	3，15	4，14	4，14
19	3，16	3，16	4，15	4，15	3，16	4，15	5，14
20	3，17	3，17	4. 16	4，16	4，16	4，16	5，15
21	3，18	4，17	4，17	5，16	4，17	5，16	5，16
22	4，18	4，18	5，17	5，17	4，18	5，17	1，5，16
23	4，19	5，18	5，18	1，5，17	5，18	1，5，17	1，5，17

续表

N	$N_v=0$	$N_v=5$			$N_v=6$		
		C_r=2	C_r=4	C_r=8	C_r=2	C_r=4	C_r=8
24	4，20	5，19	1，5，18	1，5，18	5，19	1，5，18	1，6，17
25	5，20	5，20	1，5，19	1，5，19	5，20	1，6，18	1，6，18
26	5，21	1，5，20	1，5，20	2，5，19	6，20	1，6，19	1，6，19
27	5，22	1，5，21	1，6，20	3，5，19	1，6，20	1，6，20	2，6，19
28	6，22	1，6，21	1，6，21	3，5，20	1，6，21	2，6，20	3，6，19
29	6，23	1，6，22	1，7，21	4，5，20	1，6，22	2，6，21	3，6，20
30	1，6，23	1，7，22	1，7，22	4，5，21	1，7，22	3，6，21	4，6，20

举例说明一种二元体系的壳层形成过程。例如，含有 5 个双倍电量大粒子的系统，即 $N_v=5$、$C_r=2$。当体系较小时（$N\leqslant10$），所有粒子处在紧贴硬壁的最外层，当在外层的粒子数超过极限值 10 个之后，第 11 个粒子被推进内部。所以在表 4.1 总粒子数 N 为11～25 的体系是双壳层结构。之后当内层的粒子数达到 5 之后，更内层的壳层形成，即 N 为26～30 的情况。而对于含有 5 个 4 倍电量大粒子体系（$N_v=5$，$C_r=4$）来说，在 $N=10$ 时就开始形成两层结构。同样在内层粒子数达到 5 个后形成最内壳层，只是在 $N=24$ 时就开始了三层结构的形成。对于带 8 倍电量大粒子的体系也是如此，开始形成新壳层的体系所对应的总粒子数又进一步降低。这源于大粒子的存在对小粒子的排斥力增加。以此类推，增加大粒子的个数，也会有相同的效果。通过比较表 4.1 中带有相同电量 C_r，不同大粒子个数（$N_v=5$、6）的体系就可很明显得到相同的结论。通过这些规律，在实验中如果想要得到内层形状特定的多壳层结构，就可以通过选取适当的大粒子个数和带电量以达到目的。

图 4.5 中描绘了体系中极坐标下各个粒子距离原点的距离随着体系粒子数增多的变化情况，即各个体系中粒子在径向的排布情况，以求更直观地表现出其壳层结构，其中图 4.5（a）是同种粒子体系的情况，图 4.5（b）对应（$N_v=5$，$C_r=2$）的二元体系。在每个图中，根据所含壳层数目不同，可将这些体系划分为三个部分，并以实线相隔。第（1）部分是单壳层体系，这部分的所有体系都是单壳层结构，所有粒子都分布在硬壁上。第（2）部分是双壳层体系，各体系的粒子形成两个壳层，并根据内壳层上的粒子个数将其细分，用虚线相隔，两条虚线内括号中的粒子数代表各壳层上的粒子数，N_e 是体系最外层粒子数，例如（3，N_e）表示在这两条虚线之间的体系都有两个壳层，且内层都有三个粒子，其余 N_e 个粒子位于最外层。第（3）部分是三壳层体系，括号内的数字是两条虚线之间的体系在内部两层上的粒子数。

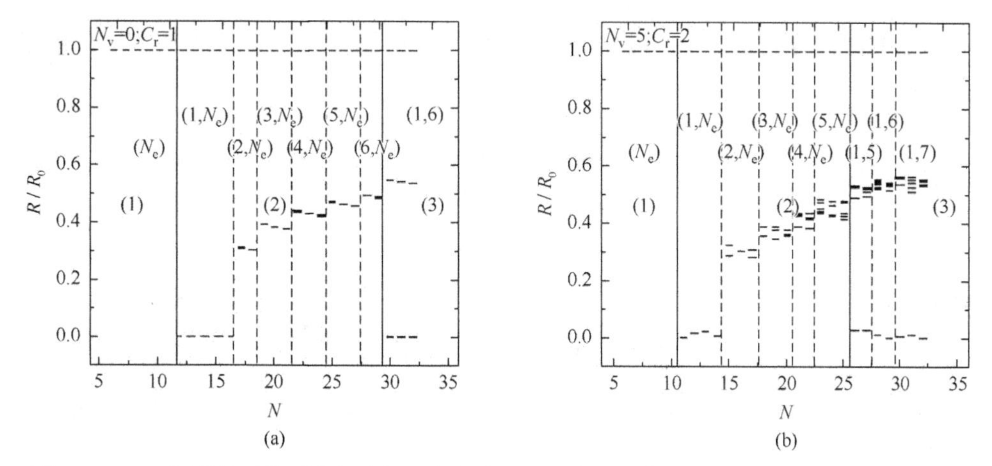

图 4.5　（a）同种粒子体系中极坐标下各个粒子距原点的距离随着体系粒子数增多的变化；（b）对应（$N_v=5$，$C_r=2$）的二元体系的结果

由图 4.5（a）可以看出，在两条虚线间的体系，如（3，N_e）区域的体系，随着外层粒子数的增多，其对内层 3 个粒子的排斥作用增强，从而使内层半径减小。同时可以看到这 3 个内层粒子径向的距离在图 4.5（a）中表现为重合，意味着这三个粒子分布在距离原点半径相同的圆上，体系实际上形成很好的圆圈壳层结构。比较相应二元体系中的（3，N_e）区域中的情况，发现有所不同。图 4.5（b）中该区域所对应体系的粒子的径向分布并不重合，3 个内层粒子并不是分布在一个圆上，而是体系形成一个有微小形变的圆圈壳层结构。究其原因，在同种粒子系统中，受圆形硬壁势的约束，最外层粒子是均匀分布的圆形结构，因而整个外层粒子对内层粒子的势场是径向对称的，呈各向同性，从而使内层的粒子形成对称性的圆圈壳层结构。而在二元体系中，由于外层带大电量粒子的存在，而且其很多时候不是均匀分布在外层的，局域地破坏了对内部粒子的对称性势场，使之不是严格各向同性的，从而导致内层粒子在形成类圆圈壳层结构的同时又不是严格的圆圈壳层结构。

根据以上原理可以推断，二元体系中内层粒子受作用势场的不对称性，在体系内层只有一个粒子的情况下更为明显。在同种粒子体系中，如果内层只有一个粒子，受外层粒子的均匀势场作用，这个粒子就会处在原点位置，在图 4.5（a）中的（1，N_e）区域和第（3）区域可以很明显看出。而在图 4.5（b）的二元体系中，相应区域的中心粒子并没有处在严格的原点。在其他二元系统中发现了外层粒子对内层粒子的不均匀势场。图 4.6 列出了最中心只有一个粒子的不同二元体系中心粒子偏移原点的距离随体系粒子数的变化。图 4.6（a）～（d）对应不同（N_v，C_r）取值的体系，其具体取值标注在各图的左上方。在不同（N_v，C_r）取值情况下，内部只有一个粒子的体系中，中心粒子的位置会偏离原点位置。通过比较图 4.6（a）与（b），当（b）中的体系大粒子带电量较大（$C_r=4$）时，中心粒子偏移原点的距离要高于（a）中 $C_r=2$ 的体系。该现象反映了大粒子对内部势场的重要作用。

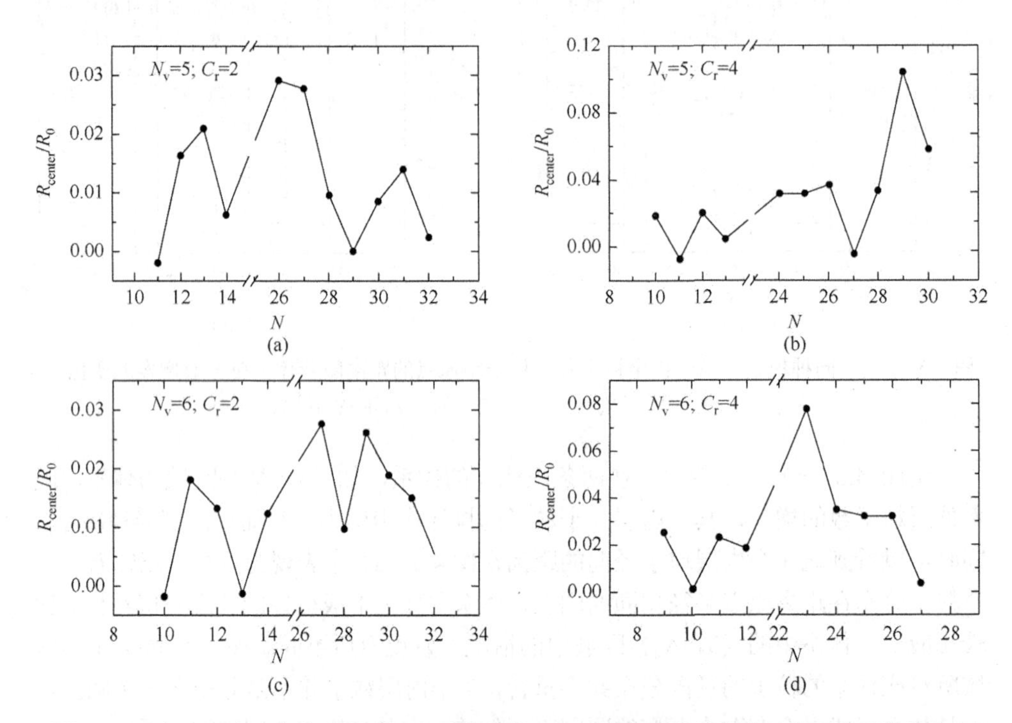

图 4.6 最中心只有一个粒子的不同二元体系中心粒子偏移原点的距离随体系粒子数的变化

4.1.3 硬壁势约束中二维二元系统本征振动模式

在上述体系基态结构的基础上，本节系统讲述各种二元体系的本征频谱和振动模式特点和规律。在研究体系的本征振动时，需要对角化与粒子质量有关的动力学矩阵，以得到体系的振动频率和具体振动模式。在本节的讨论中，将二元体系拓展到包含带电量不同、质量也不同的两种粒子的体系。

1. 质量相同二元体系的本征振动频谱

首先考虑质量相同、带电量不同的二元体系的振动性质。众所周知，一个二维的 N 粒子体系有 $2N$ 个本征振动模式，但是硬壁势约束的体系有所不同。主要是因为硬壁的约束使得紧贴硬壁的处在最外层的 N_e 个粒子不能在径向振动，其径向振动模式被冻结，从而只能沿着硬壁的角向方向振动。因此整个 N 粒子体系的振动模式数减小到 $2N-N_e$ 个。

图 4.7（a）和（b）分别给出了一元体系和二元体系（$N_v=5$，$C_r=2$）的本征

振动频谱，图 4.8 中列出了一个包含 27 个粒子的二元体系（$N_v = 5$，$C_r = 2$）的 16 个典型振动模式。在之前的工作中已经证实抛物势约束中的二维库仑相互作用体系有三个固有频率的本征振动模式[61, 62, 112]，即：整体转动模式，$\omega = 0$；质心模式（center-of-mass mode，CM），$\omega = \sqrt{2}$；呼吸模式（breathing mode，BM），$\omega = \sqrt{6}$。在三维体系中也存在这三个本征振动模式[63]。在硬壁势约束中的二维体系，无论是一元体系还是二元体系，仅整体转动模式 $\omega = 0$ 是与体系粒子数 N 无关的固有振动模式，如图 4.7（a）和（b）所示。主要原因在于硬壁势约束中的二维体系具有轴对称性，因而可以有固有的整体转动模式，其矢量图如图 4.8 中的 VEC1 所示。

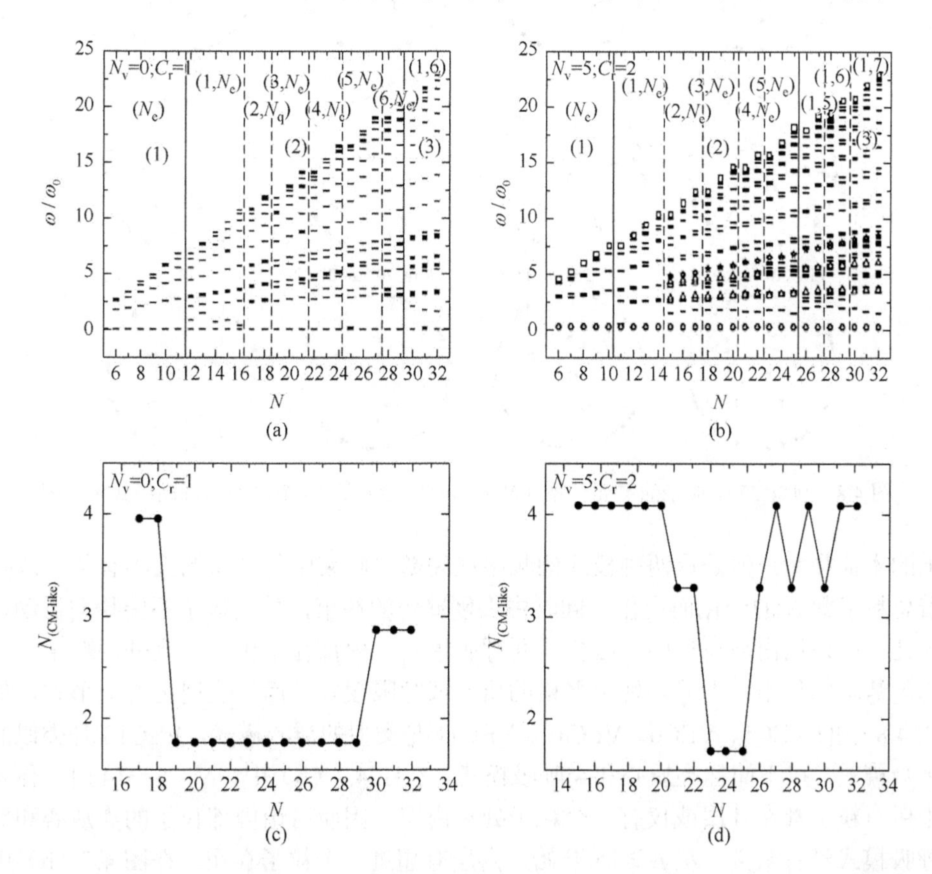

图 4.7 （a）和（b）分别对应一元体系和（$N_v = 5$，$C_r = 2$）二元体系的本征振动频谱随总粒子数 $N = 6$～32 的变化；（c）和（d）分别对应一元体系和（$N_v = 5$，$C_r = 2$）二元体系中质心模式的个数随总粒子数 N 的变化情况

另外，在图 4.7（b）中，体系的质心模式、呼吸模式、整体转动模式以及最高振动模式对应的频率分别用图中的三角形、五角形、圆圈和正方形标记出来。由图可知，质心模式和呼吸模式也依然存在，分别对应三角形和五角形所标记出

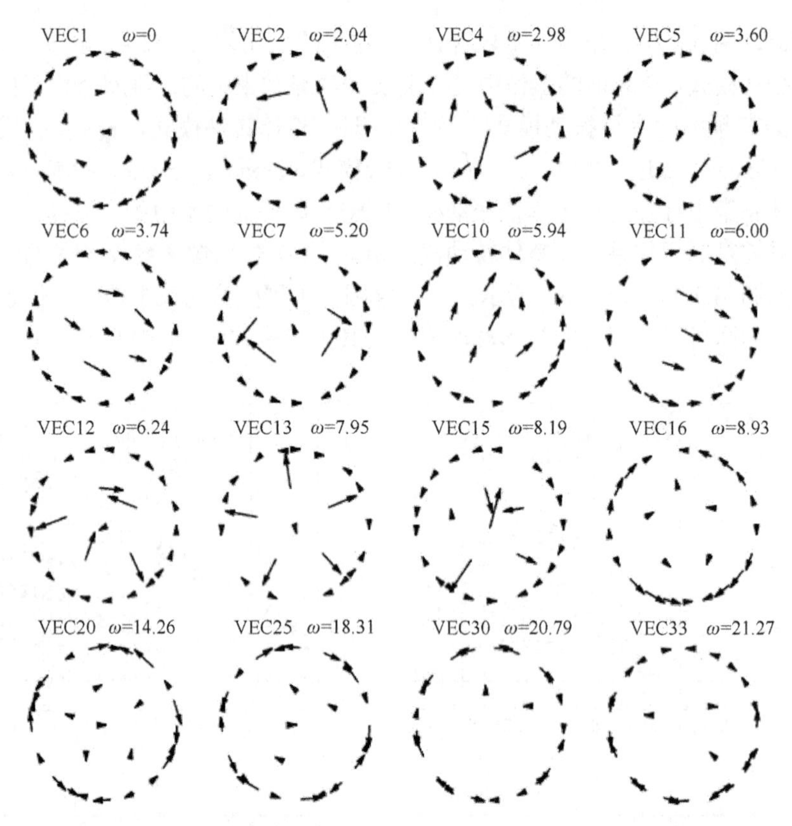

图 4.8　包含 27 个粒子的二元体系（$N_v = 5$，$C_r = 2$）的 16 个典型的振动模式矢量图

来的本征频率，但是这两种模式的频率在硬壁势约束中与体系的大小有关，即随着总粒子数 N 的变化而变化。同时由于硬壁势的约束，外层粒子不能径向振动，因此只能讨论内部粒子的质心模式和呼吸模式。内部粒子由于受到外层粒子的不均匀势场的作用，不能表现出严格的质心或呼吸模式，而只表现出类似形式，如图 4.8 中的 VEC5、VEC6、VEC10、VEC11 是类似的质心模式，VEC13 是类似的呼吸模式，以下简称类质心和类呼吸模式。在图 4.7（b）中，$N = 6$～14 时，体系中所有粒子都在外层或仅有一个粒子处在内层，因而讨论内部粒子的类质心和类呼吸模式没有意义。从 $N \geqslant 15$ 开始，内层有超过一个粒子存在，在图 4.7（b）中开始标记内部粒子的类质心和类呼吸模式。

在图 4.7（c）和（d）中还分别给出了一元体系和二元体系的类质心模式个数随着体系大小的变化情况。比较可知，在二元体系中发现了更多接近四重简并的类质心模式。值得注意的是，在具有各向同性的径向对称约束中，如约束在抛物势[106, 112]或硬壁势[85]的同种粒子体系中，其质心模式的频率是严格简并的。而在硬壁势约束中的二元体系中，同样是内层粒子受到外层粒子的径向不均匀势场作用，使其类质心振动简并解除。因而图 4.7（d）中纵轴是接近简并的类质心模式个数。

接下来分析体系的本征振动频率与基态结构的对应关系。根据图 4.5 中的划分原则，也可以将图 4.7（a）和（b）划分成不同的区域，如图所示。之前介绍过，在每个由虚线划分的小区域中的体系都有相同的内部粒子个数，也就是有类似的内部结构。相应地，在两条虚线中的本征振动频谱［图 4.7（b）］中也呈现很相近的变化趋势，只是随着体系的增大其本征频率逐渐增加。这说明体系的基态结构对振动频谱具有决定性的作用。

进一步观察可知：在每个小区域的边界，也就是虚线左右的两个体系，其最高振动频率基本相同，而不是按照整体趋势单调增加。图 4.7（b）中用四边形标注出了不同 N 粒子体系的最高振动频率 $\omega_{\max}$。随粒子数 N 增大，$\omega_{\max}$ 整体表现为一个“上升-平台”不断反复的趋势。很明显可以看出，图 4.7（b）中在每个虚线或实线左右，呈现一个平台形状。分析可知，在每个虚线左右的两个体系具有这样的特点：体系的最外层粒子数相同。例如，在分隔（1，N_e）和（2，N_e）两部分的虚线左右是 $N=14$ 和 $N=15$ 这两个体系，其中 $N=14$ 的结构为(1，13)，$N=15$ 对应(2，13)。这两个体系最外层都有 13 个粒子，而内层粒子相差一个。这在 $N=11$，18，21，23，26 附近也有类似的结构相变，在这些体系附近出现平台。

为什么相同的外层粒子个数会导致基本相同的振动频率呢？下面来解释这个原因。图 4.8 中列出了一个包含 27 个粒子的二元体系（$N_v=5$，$C_r=2$）的 16 个典型振动模式，其中 VEC16～VEC33 是这个体系的较高激发频率的振动模式。从这些较高频率模式的振动矢量图来看，主要是外层粒子成对地相对振动，而内层粒子几乎不动。也就是说，最高频率的振动模式主要取决于外层粒子的振动，因而对于外层粒子相同的体系，其相应的振动频率相同。这也就是图 4.7（b）中平台出现的原因。另外，由图 4.8 中的 VEC2～VEC15 观察可知，较低激发频率的振动模式主要对应内部粒子的振动，而外部粒子振动微弱，几乎不动。这是很自然的，对于硬壁势约束中的体系，位于外层的粒子受外部硬壁势的约束较大，因此外层粒子不容易被激发，相反地，受约束较小的内层粒子则首先被激发，对应振动频率较小的振动模式。这说明了硬壁势的约束对体系振动模式的决定性作用，也决定了二元体系的振动仍然呈现圆形对称性，但比一元体系的振动模式更加复杂。

2. 质量相同二元体系的最低不为零振动频率

在所有的本征振动频率中，最低不为零频率（lowest nonzero eigenfrequency，LNF）一直是研究焦点，主要是由于 LNF 是表征体系稳定性的一个重要参量。

接下来对二元体系的 LNF 进行系统分析。图 4.9（a）～（c）给出三种不同二元体系的 LNF 随体系总粒子数 N(6～32)的变化情况。这三种体系都含有 5 个带大电量的粒子，其带电量分别为 2，3，4。在图 4.9 中，可以看到 LNF-N 是一个阶梯形状的变化趋势，推断阶梯形状与体系的结构有直接联系。因此在图 4.9 中根据体系结构的变化以及结合 LNF 的变化，将 N 为 6～32 的体系划分成 5 个部分。在第（1）部分的系统中以（N_e）标记，所有粒子都在最外层。以（1，N_e）标记的第（2）部分的体系中，只有一个粒子处在内部。有 2～4 个内层粒子的体系在图中属于第（3）部分，以（2～4，N_e）为标志。第（4）部分则是内层有 5 个粒子的体系（5，N_e）。最后第（5）部分是具有三壳层结构的体系。在图 4.9（a）～（c）中用虚线分别将这 5 个区域分隔开来。

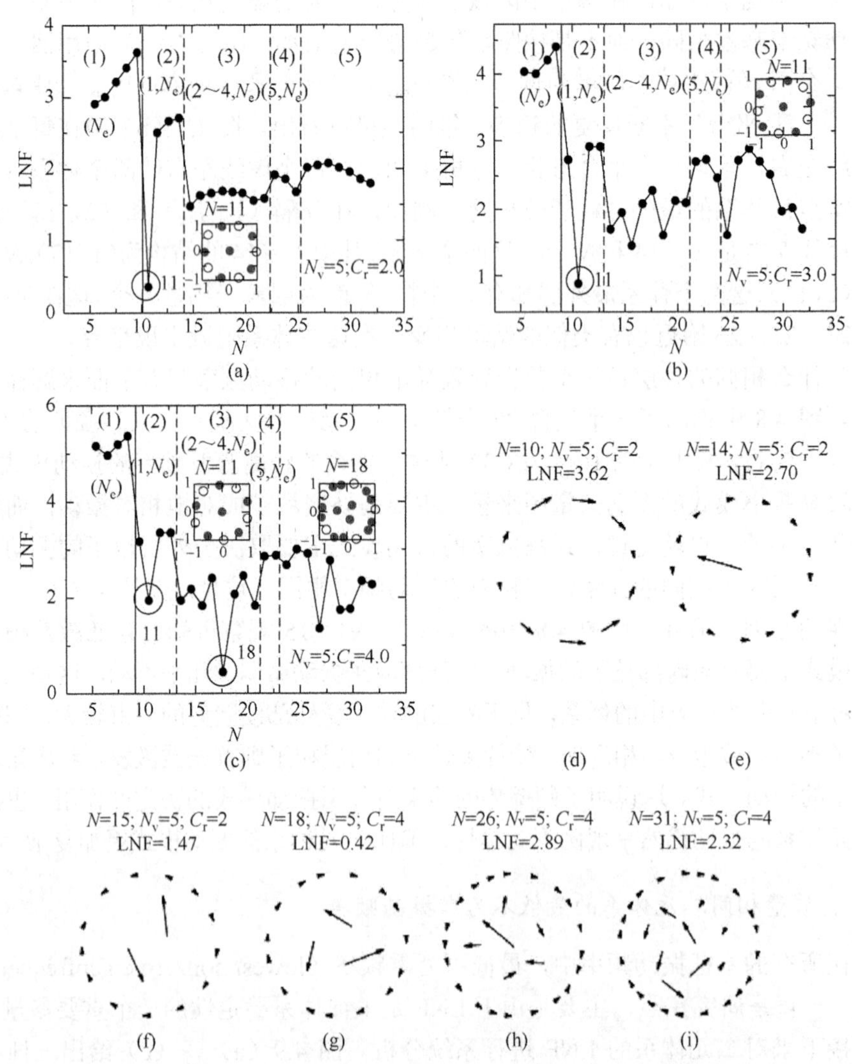

图 4.9 （a）～（c）三种不同二元体系的最低不为零本征频率（LNF）随体系总粒子数 N = 6～32 的变化曲线；（d）～（i）6 个不同二元体系 LNF 的振动模式矢量图

如图 4.9（a）～（c）中所示，第（1）部分中的体系有最高的 LNF，即最难激发，因为这部分体系中的粒子全部在紧贴硬壁的位置，受约束最大。第（2）部分体系的 LNF 有所降低，主要是因为外层粒子的振动可以通过与内层一个粒子较短的作用势来激发。到了第（3）部分，LNF 继续保持降低的趋势。仔细看每个部分的振动模式图，可以更好地理解这个下降的变化趋势。图 4.9（d）～（i）中列出了 6 个不同二元体系 LNF 的振动模式矢量图，其相应（N，N_v，C_r，LNF）的值标注在各矢量图的上方。例如，在图 4.9（d）中是属于第（1）部分的体系的 LNF 振动矢量图，其振动形式是形成单壳层的外层粒子一半沿顺时针方向转动，另一半沿逆时针方向转动。而在双壳层结构中体系中，其振动模式［图 4.9（e）～（i）］主要是内部壳层粒子的振动，同时外层粒子几乎不动。相对来说，比起激发第（1）部分体系中的外层粒子，激发第（2）～（4）部分体系中的内层粒子要容易得多。这也就说明了单壳层体系要比多壳层体系稳定得多，表现在图 4.9（a）～（c）中，第（1）部分的 LNF 要比其他部分明显要高出许多。同时，仔细观察图 4.9（e），此体系属于第（2）部分，其 LNF 振动模式仍然包含外层粒子相反方向的转动，这是由体系角动量守恒所决定的。对于第（3）、（4）部分的体系，内部有多个粒子，如图 4.9（f）、（g）所示，LNF 的振动模式主要是内层粒子的振动，伴随外层粒子在同一方向的微小转动。因此第（2）部分体系比起第（3）、（4）部分要难激发一些，相应的 LNF 也要高些。

根据这个原理继续推断，图 4.9（a）～（c）中第（4）部分的体系的 LNF 应该与第（3）部分的体系属于同一个量级。而在图 4.9（a）～（c）中可以发现，第（4）部分体系（5，N_e）的 LNF 比第（3）部分（2～4，N_e）的要高一些，同时也低于第（2）部分。这意味着内层粒子数为 5 个的体系比体系在内层有 2～4 个粒子时要稳定。很明显，这个现象与外层有 5 个大粒子是直接相关的。由于内层粒子数与外层大粒子数的匹配，内层的 5 个粒子被束缚在外层 5 个大粒子形成的五边形局域势场中，因此不容易激发。当大粒子带电量较大时更加明显，例如，图 4.9（b）和（c）中第（4）部分的 LNF 比第（3）部分的高出幅度要比图 4.9（a）更明显。在此把这种不容易激发的内层小粒子数和外层大粒子数相匹配的结构称为“幻数”结构。

继续增加体系的粒子数，新的壳层将会产生，也就是图 4.9（a）～（c）中第（5）部分的三壳层体系。这一部分的 LNF-N 的变化趋势与（2）～（4）部分的变化趋势相类似。首先，当最内层只有一个粒子时，其情况类似于之前的第（2）部分，然后随着内层粒子数的增多，情况开始类似于第（3）～（4）部分。这些变化趋势都体现了最内壳层对 LNF 激发的决定性作用。

由以上对 LNF-N 的讨论，可以得到不同体系的壳层结构稳定性情况。接下来主要研究在图 4.9（a）～（c）中标注出来的几个特殊体系，图中这几个体系的

LNF 以圆圈圈出，并在插图中给出其基态构型。这几个体系的突出特点是其 LNF 比所在部分其他体系的 LNF 要低许多，表现在图 4.9（a）～（c）中就是在第（2）部分或第（3）部分的 LNF-N 曲线上有一个明显的下凹点。这标志着对应体系是很容易被激发的结构。仔细分析插图中给出的这些特殊体系的结构，发现有这样一个共同之处：最外层的大粒子和小粒子是交替、均匀分布的。由于外层粒子对内层粒子的平均作用势场是均匀的，因而容易产生对整个体系角向的集体激发。相对于激发受不均匀势场作用的每个内层粒子的振动来说，激发均匀势场的集体角向振动更加容易。这直接导致了此类“均匀结构”的角向不稳定性。

必须强调的是，前面提到的“幻数结构”和这里的“均匀结构”是不同的。“均匀结构”要求大粒子和小粒子在外层的均匀交替分布，而“幻数结构”要求的则是内层小粒子数和外层大粒子数之间的匹配。图 4.9 中的“均匀结构”不满足“幻数结构”的特点，是容易被集体激发的。如果一个结构同时满足这两种结构的特点，如图 4.4 中的 26 粒子体系（$N_v = 5$，$C_r = 2$），其 LNF 是很高的［如图 4.9（a）所示］。因此可以得出“幻数结构”比“均匀结构”的优先级高，其更能决定体系的稳定性。这两种特殊结构的发现，丰富了二元体系的相图。

在之前研究硬壁势中同种粒子体系的理论工作中[85]，对该体系的 LNF 也进行了讨论。其中很重要的一个发现是当体系内部有超过一个粒子存在时，其 LNF 的振动模式对应所有内部粒子与最外层粒子反方向转动，也称为壳层间的相对旋转。这个规律对于较大的同种粒子体系（$N>200$）也同样适用。在本节研究的二元体系中，LNF 的振动模式要比同种粒子体系更加多样化。如图 4.9（g）～（i）所示，这三个二元体系的 LNF 振动模式包括壳层间的相对旋转、类涡旋激发以及分块振动等。与同种粒子体系相比较，二元体系多样化的 LNF 振动模式主要是由内层粒子所受外层粒子的不均匀势场导致的。只有具有“均匀结构”的二元体系，其 LNF 的振动模式才与同种粒子体系最为接近，表现为整个内层粒子的集体角向转动，伴随外层粒子集体反方向转动。

3. 质量不同二元体系的本征振动模式

以上所有的讨论都是基于质量相同、电量不同的两种粒子体系，接下来将把体系扩展到质量不同、电量不同的二元体系。注意质量的变化并没有引起体系能量的变化，也就没有影响体系的基态结构。因此只讨论该类二元体系的本征振动情况。研究发现，这类二元体系的本征振动频谱与之前介绍的质量相同的二元体系并没有实质性的差别，因此接下来主要讨论质量变化对 LNF 振动模式的影响。

在图 4.10（a）～（d）中，列出了四种不同二元体系的 LNF 随体系总粒子数 N 的变化曲线（LNF-N）。每种体系的参数取值为 $N_v = 4, 5, 6, 7, C_r = 2$。在研究质量不同的二元体系时，设第一种粒子约化后的质量为 $m_f = M_f/M_0 = 1$，即把第一种粒子的质量作为单位质量。同时考虑了第二种粒子的约化质量为 $m_v = M_v/M_0 = 1, 2, 4, 0.2, 0.5$ 五种情况，因此在图 4.10（a）～（d）中列出了 $m_v = 1, 2, 4, 0.2, 0.5$ 这五种二元体系的 LNF-N 图。图 4.10（b）中的黑色实心四边形曲线对应 $m_f = m_v = 1$，即质量相同的二元体系，与图 4.9（a）是完全相同的曲线。从图 4.10 中的四个图都可以看出，当 N 小于一定值时，第二种粒子 $m_v>1$ 对应的两条曲线（实心圆点曲线和实心三角曲线）处在 $m_v = 1$ 相同质量二元体系曲线的下方；$m_v<1$ 体系的两条曲线在 $m_v = 1$ 曲线的上方。也就是说，减小体系部分粒子的质量会使体系的 LNF 升高，反之则使之下降。这个现象可由体系动力学矩阵与粒子质量成反比得出。

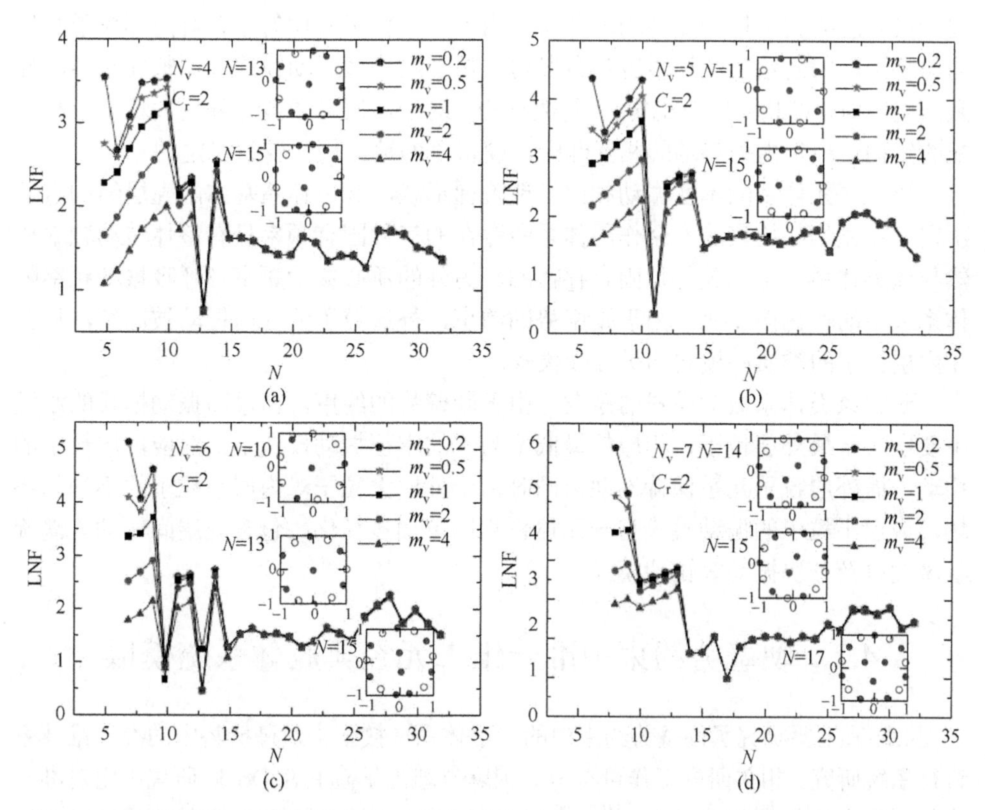

图 4.10　四种不同二元体系的最低不为零本征频率（LNF）随体系总粒子数 N 的变化曲线

另外，注意到图 4.10 中，在 N 大于一定值之后，每个图中的 5 条曲线基本重合。可以将这个临界的 N 值设为 N_t，在图 4.10（a）～（d）中，$N_t = 14$～16。在模拟过程中，确定了质量为 m_v，带大电量粒子的个数 N_v，然后增加质量为 1 的小电量粒子的个数。所有的大电量粒子都分布在最外层，因而当体系有超过两个粒子在中心时，也就是$N>N_t$时，在外层的质量为m_v的大粒子对LNF的振动没有影响，也就使得在动力学矩阵中改变质量m_v的效果可以忽略。从而在$N>N_t$时，各个曲线重合。显然，如果同时改变小电量粒子的质量，曲线将会在更大的N_t后才能重合。

总而言之，以上用蒙特卡罗和最速下降法相结合的方法对硬壁势约束中的二维二元库仑相互作用体系进行了模拟，并对该类体系的基态结构、本征振动频谱以及振动模式进行了系统分析，发现了一系列与一元体系不同的性质和规律。概括来讲，该类二元体系最主要的特点有以下几方面。

在大多数体系中，带较多电量的大粒子不均匀地占据在体系最外层，因而局域破坏了对内层粒子的各向同性势场，使得二元体系的基态结构呈现很丰富的相图。比较特殊的结构有“均匀结构”和“幻数结构”。其中，在“均匀结构”中，位于最外层的大小粒子交替均匀分布。由于外层粒子的均匀分布对内部粒子产生均匀势场，因此这种结构很容易激发内层粒子的集体运动模式，如整体旋转，导致此类“均匀结构”较不稳定。“幻数结构”对应内层粒子数与外层大粒子数相匹配的结构，由于内外势场的相互匹配，使得“幻数结构”较为稳定。

该类二元体系的本征振动频谱呈现阶梯形状，其由体系基态的壳层结构直接决定。在抛物势约束的库仑作用体系中存在的三种固有频率只有整体转动频率依然与该类体系大小无关，是固有存在的。另外的质心振动频率及呼吸振动频率随体系大小的变化而变化。由于硬壁势的约束，外层粒子的径向振动被冻结，只存在内层粒子的类质心模式和类呼吸模式。

研究该类体系振动模式的激发，由于硬壁势的约束，其最高振动模式的激发主要取决于最外层粒子，相应的最低不为零的本征振动模式主要对应内层粒子的振动，而外层粒子几乎保持不动。同时由于外层大粒子对内层小粒子的不均匀势场，内层小粒子的振动模式与一元体系相比更加多样化，包含壳层间转动、涡旋状激发以及分块振动等振动模式。

4.2 硬壁势约束中准一维二元经典胶体系统模拟

4.1节主要研究了硬壁势约束中的二维体系，接下来对硬壁势中的准一维体系进行系统研究。相关研究工作可参考美国麻省理工学院P. S. Doyle研究小组对准一维体系的实验[14, 16]和理论工作[108, 109]的研究。他们指出顺磁胶体颗粒形成的准一维链状结构有可能在DNA分子分离，以及在中性大小的细胞、蛋白质、细胞器官和纳米粒子的分离上有广泛应用[14]。同时在另一个实验中[16]系统研究了限域在两个长平行硬壁板，即准一维细管中磁性粒子系统的静态和动力学性质。在其建立的数值模型中[108, 109]，粒子被约束在两个平行板（细管）中，并在平行于细管的两个硬壁的x方向运用周期性边界条件。粒子间是互相排斥的磁偶极矩作用，其正比于$1/r^3$。

在其实验和数值模拟工作中，都发现了随着管壁的宽度变化，体系缺陷结构以及熔解等出现振荡变化等一系列有趣的现象。在此基础上，将研究范围扩展到二元体系。接下来系统研究了约束在硬壁势中的准一维二元体系的基态结构，得到了几种具有典型特点的特殊构型，以及在不同参数空间下该体系丰富的相图[135]。

4.2.1　理论模型及计算方法

1. 理论模型

根据实验条件[16]，外加势场是准一维的两个平行硬壁，即粒子在两个平行硬壁以内不受外力作用，而在超出硬壁范围外受无穷大的力，也就是粒子被局域在一个准一维细管的范围内。同时，实验中外加一个垂直于顺磁粒子所在平面的恒定磁场，因而顺磁粒子在外磁场作用下是正比于 $1/r^3$ 相互排斥的偶极矩相互作用。因此在理论模型中也选取粒子间的相互作用是偶极矩相互作用，以便与之前理论研究过的一元体系更好地进行对比分析。

该理论模型是“硬壁势 + 偶极矩相互作用”的准一维二元有限系统。具体来讲，该系统含有两种粒子，每种粒子的磁矩不同。其中一种是 N_s 个带较小磁矩 M_s 的小粒子，另外一种是 N_b 个带较大磁矩 M_b 的大粒子。在此也引入两种粒子之间的磁矩之比 $M_r = M_s/M_b \leqslant 1$。在实际模拟过程中，以带较大磁矩的粒子作为参考系，变化另外一种粒子的较小磁矩。由于磁矩是粒子最主要的性质，在这里忽略了粒子半径和质量的影响，即把各个粒子简化成质点来考虑。该模型下二元体系的基态能量可表示为

$$H=\sum_{i=1}^{N}V(R_i)+\frac{\mu_0 M_s^2}{4\pi R_w^3}\sum_{i>j=1}^{N_s}\frac{R_w^3}{\left|\vec{R}_i-\vec{R}_j\right|^3}+\frac{\mu_0 M_b^2}{4\pi R_w^3}\sum_{k>l=1}^{N_b}\frac{R_w^3}{\left|\vec{R}_k-\vec{R}_l\right|^3}+\frac{\mu_0 M_s M_b}{4\pi R_w^3}\sum_{m=1}^{N_s}\sum_{n=1}^{N_b}\frac{R_w^3}{\left|\vec{R}_m-\vec{R}_n\right|^3} \tag{4-6}$$

上式第一项为硬壁外势，可表示为

$$V(R)=\begin{cases}0, & |y|<R_w/2\\ \infty, & |y|\geqslant R_w/2\end{cases} \tag{4-7}$$

其中，$N = N_s + N_b$，代表体系的总粒子数；μ_0 为真空磁导率；R_w 为约束细管的宽度，是两个平行硬壁之间的距离；$\vec{R}_i=(x_i,y_i)$，为第 i 个粒子的位置，而且 $|y_i|\leqslant R_w/2$。为方便起见，将基态能量化简为无量纲的形式。选择 R_w 为单位长度，M_b 为单位磁矩，$E_0=\mu_0 M_b^2/4\pi R_w^3$ 为单位能量，则上式可以化简为

$$H=\sum_{i>j=1}^{N_s}\frac{M_r^2}{\left|\vec{r}_i-\vec{r}_j\right|^3}+\sum_{k>l=1}^{N_b}\frac{1}{\left|\vec{r}_k-\vec{r}_l\right|^3}+\sum_{m=1}^{N_s}\sum_{n=1}^{N_b}\frac{M_r}{\left|\vec{r}_m-\vec{r}_n\right|^3} \tag{4-8}$$

同时外势可化简为

$$V(r)=\begin{cases}0, & |y|<0.5\\ \infty, & |y|\geqslant 0.5\end{cases} \tag{4-9}$$

其中，$\bar{r}_i$ 为约化后第 i 个粒子的位置；M_r 实际上是小粒子的约化磁矩，大粒子的约化磁矩为 1。从约化后的基态势能来看，体系的基态性质取决于总粒子数 N、两种粒子的磁矩比 M_r 以及两种粒子的粒子数（N_s，N_b）。

模拟中将 N 个粒子放在一个固定宽度（W）和固定长度（L）的原胞中来进行模拟，并在 x 方向加周期性边界条件（PBC），在 y 方向加硬壁势的约束。原胞的宽度即细管的宽度（硬壁之间的距离），是单位长度，即 $W=1$。然后选择原胞长度 L，周期性边界条件为 $L>2r_c$，r_c 是粒子相互作用的截断半径。在所研究体系中，粒子间是偶极矩 $1/r^3$ 作用势，如图 4.11 所示，在 $r>4$ 后该作用势基本为零。在模拟中，$r_c=6.5$，即可忽略间距大于 6.5 的两粒子间的相互作用。因此最后选取原胞的固定长度 $L=15$。定义体系的粒子数密度 $\rho=N/A$，$A=W\times L$ 为原胞面积，则 $\rho=N/15$。

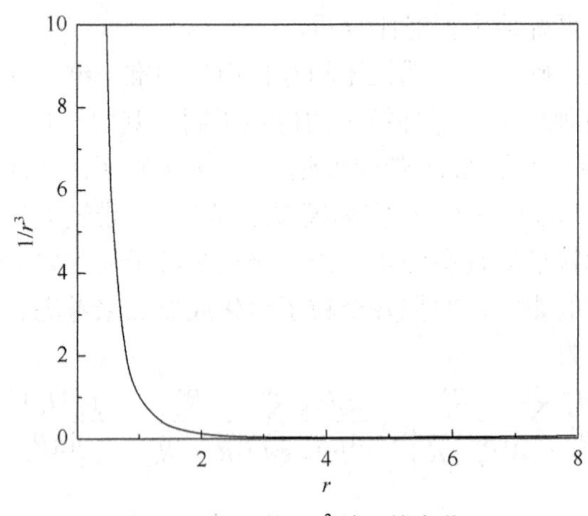

图 4.11　函数 $1/r^3$ 随 r 的变化

2. 计算方法

在模拟中使用了蒙特卡罗的模拟退火与最速下降法相结合的方法得到了 N 粒子体系的基态能量及构型。根据体系的大小不同，通常给出 10^3～10^4 个初始构型，并在每个构型下进行 10^4～10^5 步模拟退火和 10^4～10^8 步最速下降推移。然后在得到的 10^3～10^4 个基态结构中，再比较能量值，最终找出能量最低构型，即最终的基态结构 $r^0_{\alpha,i}(\alpha=x,y;i=1,\cdots,N)$。

对于模拟退火的降温过程，经过试验并最终确定了以下降温过程：

$$T_s(n)=T_0\left(\frac{T_E}{T_0}\right)^{n/N_t}-T_E \tag{4-10}$$

$$T_b(n)=\frac{T_s(n)}{2} \tag{4-11}$$

其中，N_t 为总模拟退火步数；T_E 为接近零的常数；T_0 为退火的初始温度；$T_s(n)$和 $T_b(n)$分别为在第 n 步退火中对应的小粒子和大粒子的温度。在上式显示，大粒子的温度是小粒子温度的一半，这是因为在热运动中通常大粒子会先稳定下来，因此做了这个合理的假定。图 4.12 中给出了当 $T_0=0.1$，$T_E=0.0001$，$N_t=10000$ 时，上述两式所对应的函数曲线，也就是体系从高温 $T_0=0.1$ 到 $T=0$ 的降温过程。图中 T_s 实心正方形实线代表小粒子的温度［式（4-10）］，T_b 实心圆点虚线代表大粒子的温度［式（4-11）］。

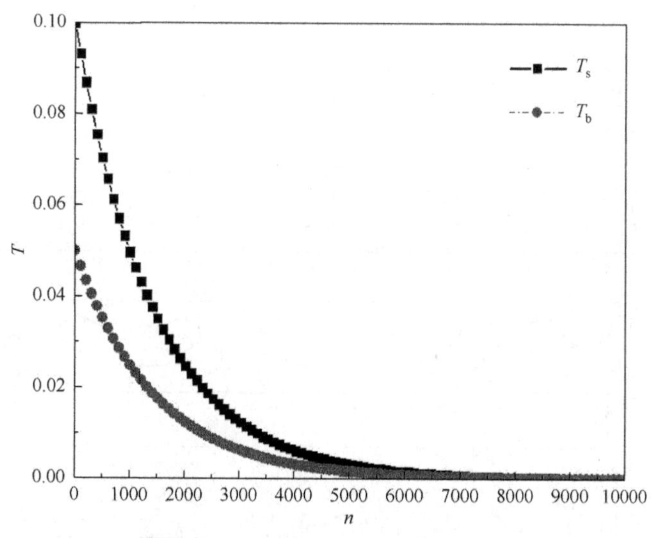

图 4.12　模拟退火的降温过程示意图

4.2.2　硬壁势约束中准一维二元系统基态结构

基于以上理论模型，通过蒙特卡罗的模拟退火与最速下降法相结合的方法得到了 N 粒子体系的基态能量及构型，接下来将分别对一元体系和二元体系的基态构型以及缺陷的特点进行系统的讨论。

1. 一元体系基态结构和缺陷

首先计算不同密度下的一元系统，通过与之前研究工作的比较[108, 109]，确定程序的稳定性和正确性。

图 4.13 是得到的不同粒子数密度同种粒子体系的基态构型图，每个图中最左边标注的是该体系的约化粒子数密度，分别为 5.33，6.67，8.00，9.33，10.67。图 4.13

中，体系粒子数密度自上而下逐渐增加，从而使粒子形成更多的平形层，例如，当 $\rho = 5.33$、6.67 时，体系形成三层结构；当 $\rho = 9.33$、10.67 时，体系形成四层结构；而当 $\rho = 8.00$ 时，体系形成三至四层的过渡结构。由图可知，各个体系形成了类似于平面六角形的结构。进一步观察，会发现其中一些体系的构型含有较多缺陷。图 4.13 同样给出了各体系基态构型的泰森多边形（Voronoi）图，图中的加粗线代表配位数不为六的缺陷粒子。可以看到当 $\rho = 6.67$、8.00 时，体系的缺陷较多，特别是 $\rho = 8.00$ 时，体系的缺陷最多。这两个体系的构型实际上是从三层平面六角形构型到四层平面六角形构型的中间过渡状态。这就意味着随着粒子数密度的增加，在形成多层的平面六角形体系之前，总存在含有丰富缺陷的过渡体系。

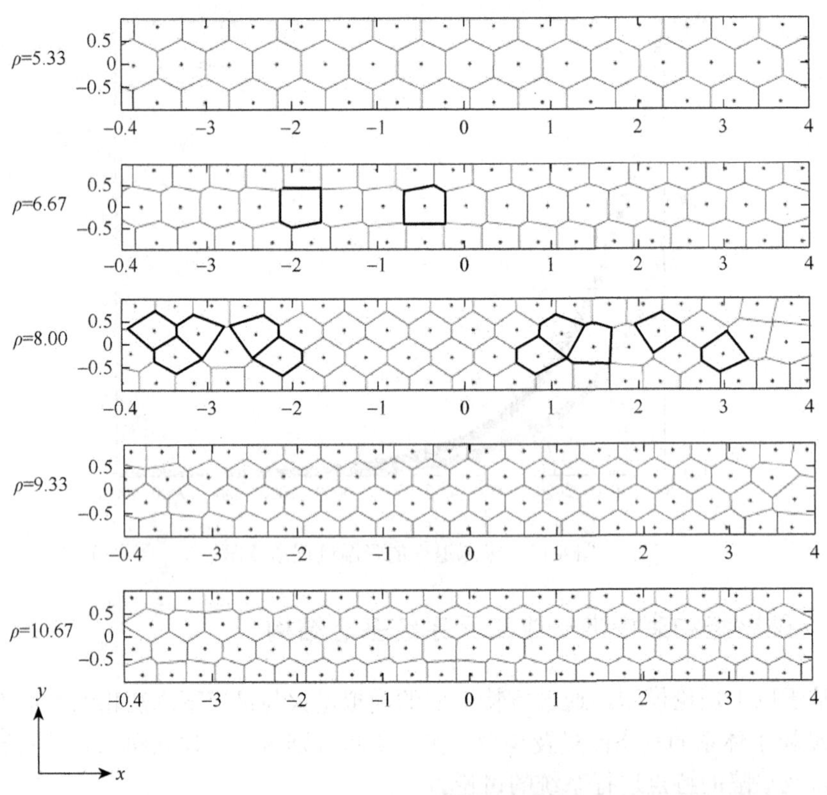

图 4.13　硬壁势约束中的准一维同种粒子体系的基态泰森多边形构型图

图 4.14（a）研究了内部粒子的缺陷个数占整体内部粒子数的比例随体系密度的变化情况，图中横轴为不同体系的约化粒子数密度，纵轴为相应体系中缺陷粒子数目与内层粒子数目之比。在这里并没有考虑处在外层（紧贴硬壁）的缺陷粒子的情况，而且缺陷粒子被定义为配位数不为 6 的粒子。如图 4.14（a）所示，随着体系密度的增加，也就是随着粒子形成层数的增加，内部缺陷粒子的相对比例

出现振荡。该振荡行为主要是由体系倾向于形成平面六角形结构而导致的。只有在特定粒子数密度下才能形成非常接近平面六角形的结构。图 4.14（a）中，最低点对应的体系构型与之前工作中所发现的具有“幻数”管宽的体系结构[108]很类似，都形成接近平面六角形的稳定结构。另外在文献[108]中，研究了在不同管宽下缺陷粒子的比例情况，其结果列在图 4.14（b）中，图中横轴为细管的约化宽度，与图 4.14（a）横轴中的约化粒子数密度具有相同的意义，由图可知同样出现了振荡的情况。不过由于其体系的管宽变化范围较大，振荡较为明显。图 4.14（a）中考虑的体系密度变化范围较小，整体具有振荡行为，局部有不规律的变化行为。与之前结果的一致性证实了所使用理论模型和计算方法的正确性，相应结果对同种粒子体系的研究以及下一步研究较为复杂的二元体系有很好的指导作用。

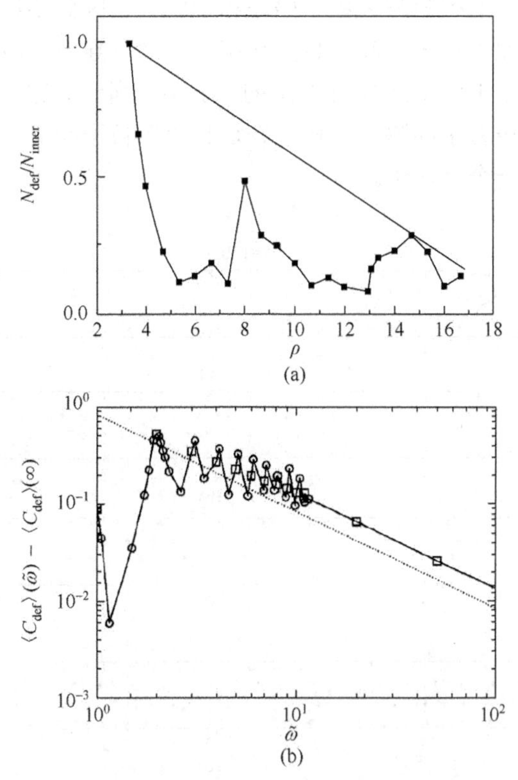

图 4.14　（a）准一维同种粒子体系内部粒子的缺陷个数占整体内部粒子数的比例随体系密度的变化情况；（b）准一维同种粒子体系缺陷粒子个数占整体粒子数的比例随体系管宽的变化情况[108]

2. 二元体系基态结构

接下来系统研究在不同参数空间下二元体系基态结构的特点。从式（4-8）可以看出，体系的基态性质主要取决于较小粒子与较大粒子的磁矩之比（M_r），较小粒子个数所占总粒子数比例（F_s）以及体系的总粒子数密度（ρ）。在之前对抛物势中二维二元体系[103, 131]以及其他准一维二元体系[111]的研究中，体系的基态构型基本是有序的晶格结构。然而在硬壁势约束中的准一维二元系统中，发现其基态包含非常复杂的相图，其中包括较为无序的结构和较为有序的晶格结构。

在图 4.15 中给出了总粒子数密度 $\rho = 9.33$ 体系的典型基态结构，其中小粒子的粒子数比例 F_s 分别为 0.1，0.3，0.6，0.8，且在每个 F_s 下两种粒子的磁矩之比 $M_r = 0.1$～0.5。每个图中的圆圈代表带较大磁矩的粒子，实心圆点代表带较小磁矩的粒子。当 F_s 和 M_r 取值都很小时［图 4.15（a）］，所有的小粒子（实心圆点）都分别被局域在大粒子之间。此时小粒子数目较少且小粒子的磁矩比大粒子的磁矩小很多，即小粒子的磁矩与大粒子磁矩相差较大，因此小粒子和大粒子之间的磁偶极矩相互作用比大粒子之间的相互作用小很多。导致小粒子可以被局部限域在大粒子之间，如图 4.15（a）中标注出的小五边形所示。这种单个小粒子被局部限域的结构称为“单粒子间隔”结构。在这种“单粒子间隔”相图中，通常由五个大粒子局部限域一个小粒子。

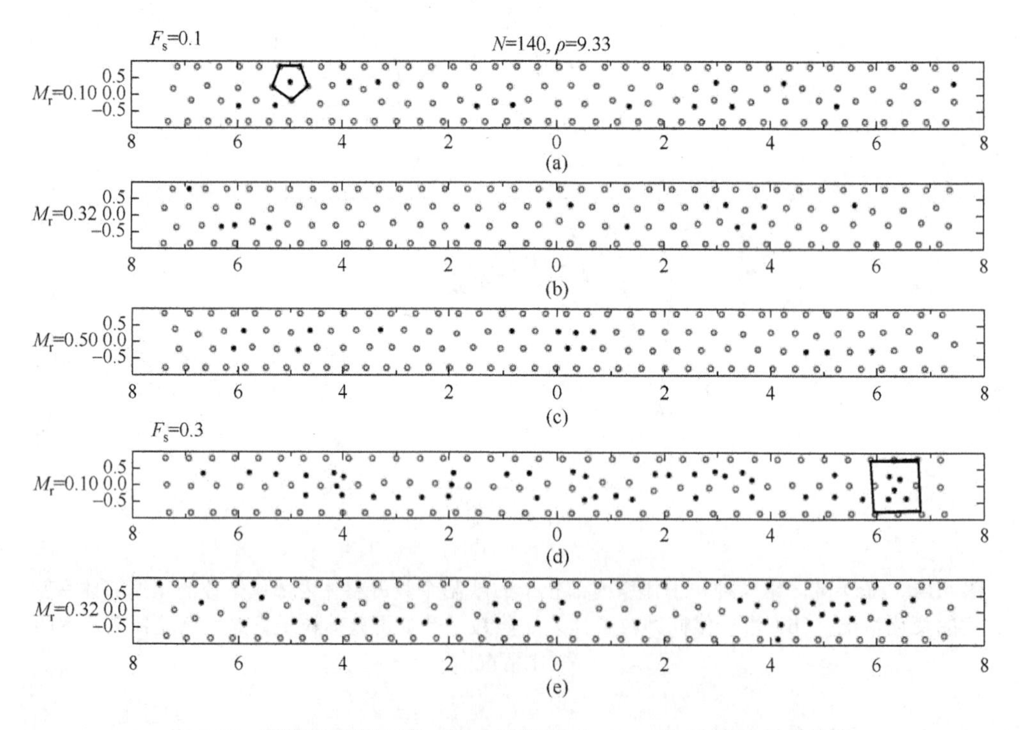

图 4.15　硬壁势约束中准一维二元体系（$\rho = 9.33$）的典型基态构型

每个体系的参数（ρ，F_s，M_r）都标注在各图附近，每个图中的圆圈代表较大磁矩的粒子，实心圆点代表较小磁矩的粒子

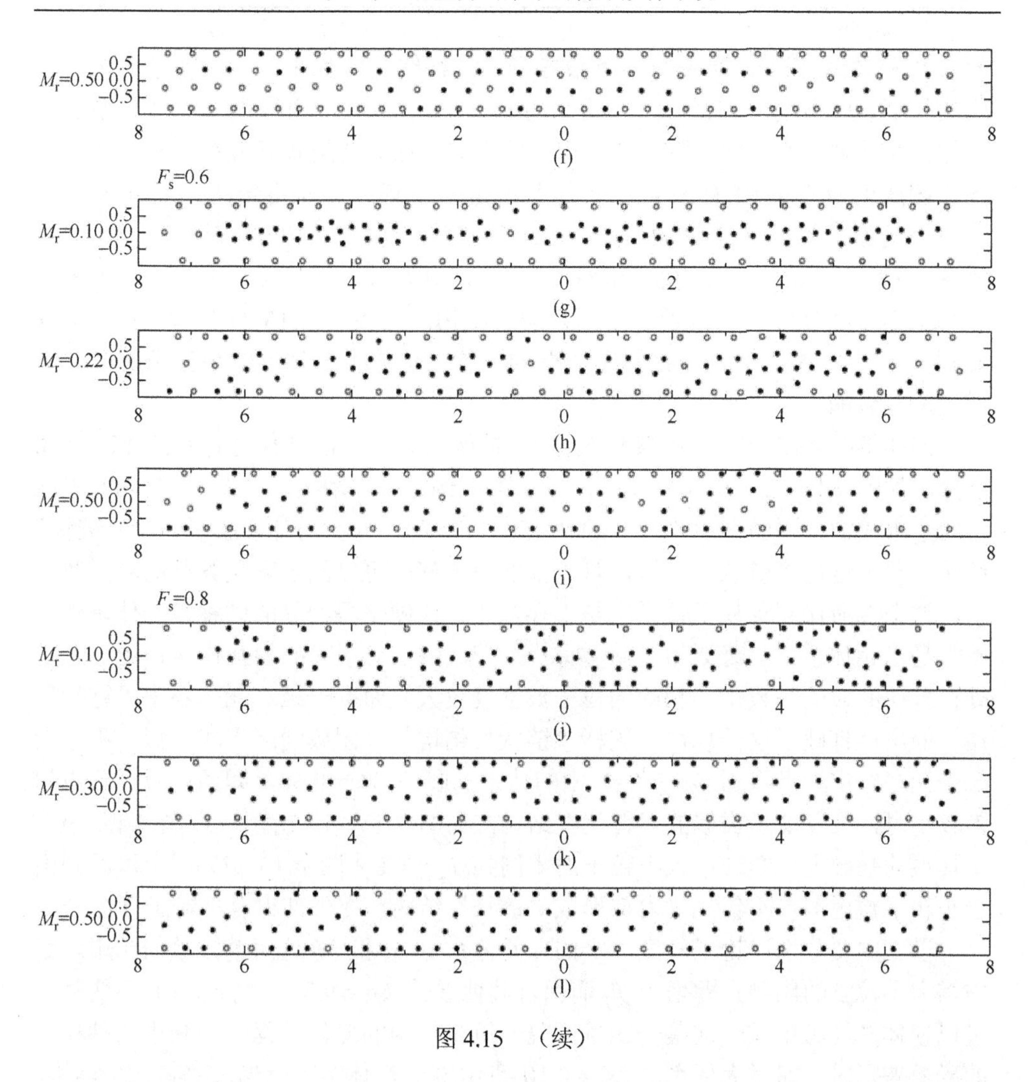

图 4.15　（续）

当 M_r 的取值较大时［图 4.15（c）］，也就是小粒子与大粒子之间的磁矩相差较小时，小粒子和大粒子倾向于互相混合并形成较好的平面六角形晶格结构，类似于密度相同的同种粒子体系，如图 4.13 所示。此时两种粒子之间的磁矩相差不大，两种粒子之间的耦合较强，以至于可以与大粒子之间的作用相比较。因此这两种粒子接近于不可区分，这种结构称为"替代"结构。在此结构中，大小粒子倾向于形成六配位的平面六角形结构，这与图 4.13 中 $\rho = 9.33$ 的同种粒子体系结构十分相似。

当体系的 $M_r = 0.10$ 且小粒子数比例增大到 $F_s = 0.3$ 时，如图 4.15（d）所示，几个小粒子聚集成小团簇，一起被局域在大粒子之间。大粒子之间形成一个局域势阱将小粒子组成的小团簇限域在其中。一个由小粒子组成的小团簇对周围的大粒子来说可以被看成一个有效粒子。这种结构实际上是“单粒子间隔”结构的扩展，只不过之前的单个小粒子现在变成由小粒子组成的一个小团簇。因此把这种小粒子团簇局域在大粒子之间的结构称为“团簇间隔”结构。可以看到“团簇间隔”结构［图 4.15（d)］不是一个有序的晶格结构，实际上更接近一个无序结构。如果将图 4.15（d）中体系的 $M_r = 0.10$ 扩展到 $M_r = 0.50$，如图 4.15（f)，同样可以发现和图 4.15（c）中类似的“替代”结构，即大小粒子基本不可区分形成的接近于平面六角形结构。比较图 4.15（c）和（f)，可以看到（f）中小粒子可以占据紧贴管壁的位置，这是由该体系中小粒子所占比例增大所导致的。

继续将图 4.15（d）中体系的 $F_s = 0.1$ 扩展到 $F_s = 0.6$，并保持体系的 $M_r = 0.10$ 不变，如图 4.15（g）所示。由于小粒子的比例进一步增大，在图 4.15（d）中由小粒子组成的小团簇在图 4.15（g）中连接在一起，并在内部形成了一个“链状”结构。对于这种“链状”结构，管内部的粒子密度可以高于紧贴管壁的粒子数密度，这个性质在同种粒子体系中是不存在的。在硬壁势约束的同种粒子体系中，不管是二元体系[70, 85]还是准一维体系[108, 109]，由于粒子间的相互排斥作用，总是处在外层的粒子数较多，相应的粒子数密度较大。而准一维二元体系中“链状”结构的出现打破了这一规律。同样“链状”结构与“团簇间隔”相类似，更接近一个无序结构。当将图 4.15（g）中的体系扩展到 $M_r = 0.50$，即两种粒子磁矩相差较小时，又发现了类似的“替代”结构，如图 4.15（i）所示。在图 4.15（g）中体系的基础上，继续增大小粒子的比例到 $F_s = 0.8$［图 4.15（j)］。可以看到由于小粒子数增多，不仅在管内部形成“链状”结构，在外部也有小粒子存在。

以上主要分别讨论了密度一定的二元体系中 F_s 和 M_r 这两个参数的作用。其中增大小粒子的比例，即增大 F_s 而保持其他参数（$\rho = 9.33$，$M_r = 0.1$）不变时，可以使体系经历单粒子间隔—团簇间隔—链状结构的变化过程。当减小两种粒子的磁矩差别时，即增大体系的 $M_r = 0.10$ 到 0.50 时，体系可以形成“替代”结构，即与相同密度下同种粒子体系相类似的接近平面六角形的晶格结构。

4.2.3　硬壁势约束中准一维二元系统基态相图

在系统研究了准一维二元体系的基态结构基础上，总结了该类体系的相图。如图 4.16（a）所示，在一定粒子数密度 $\rho = 5.33$ 的体系中，构建了横轴为 $F_s = 0.05$～0.90 和纵轴为 $M_r = 0.02$～0.50 参数空间下的相图。图中白色标注的过渡区域将相图分成三个部分：间隔相（interstitial）（网格区域），链状相（chain）（斜纹区域），替代相（substitution）（圆点区域）。图中黑线将相图分成两个部分：两种粒子在外层混合相（以“E”标注）和在外层非混合相（以“NE”标注）。在每个相图中，

F_s的步长是 0.05，M_r的步长是 0.02。图 4.16（a）～（e）是在不同粒子数密度下（$\rho=5.33$～10.67）体系的基态相图。

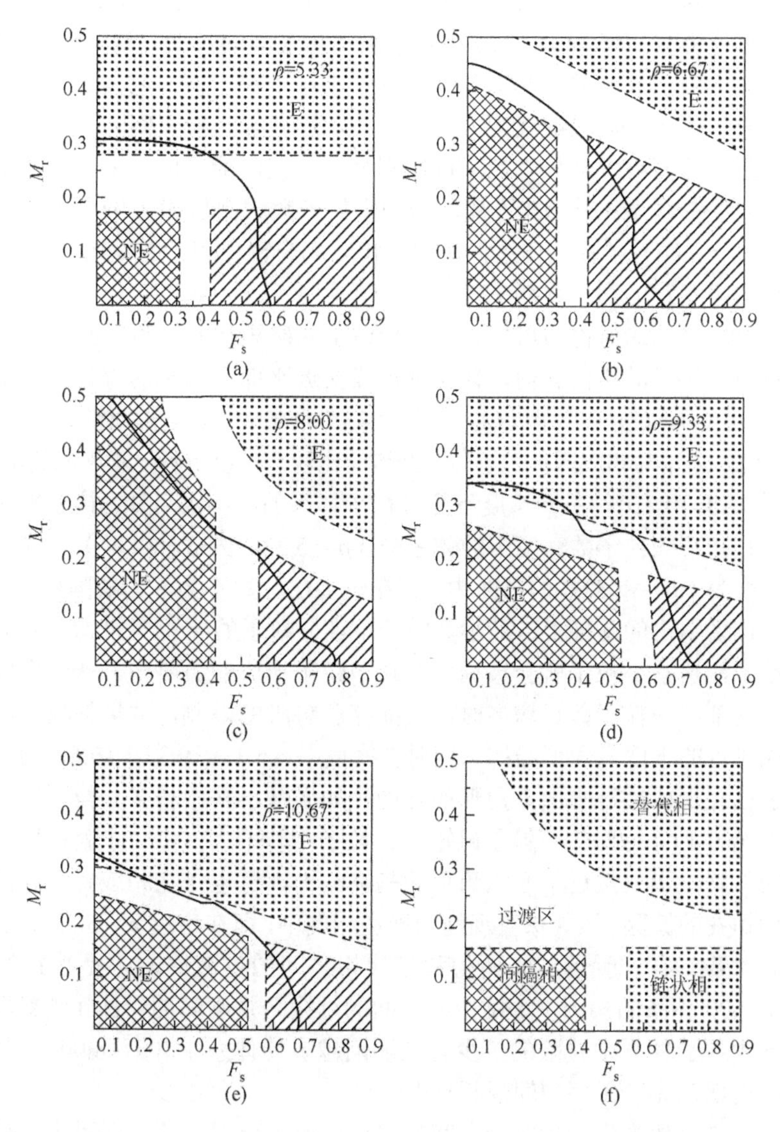

图 4.16　硬壁势约束中准一维二元体系在不同密度下的相图（$\rho=5.33$～10.67）

由图 4.16 可知，体系的结构主要分成三个部分：间隔相（包含“单粒子间隔”结构和“团簇间隔”结构），链状相（“链状”结构）和替代相（“替代”结构）。由于体系在这三种结构相间的转化是渐变的，因此在相图中过渡区域以白色标注，对应一个类似“T”的形状。如果在 $M_r = 0.1$ 时增加小粒子的比例为 0.05～0.90，体系结构就会发生从间隔相到链状相的转变。如果增大 M_r 为 0.02～0.50，体系结构将从间隔相或链状相转变成替代相。于是就形成了“T”形状的过渡区域。

接下来分析图 4.16（a）～（e）中各个结构相之间的转变过程。当保持 $M_r = 0.1$ 不变并增加小粒子数比例 F_s 时，各个相图中小粒子首先被局域在大粒子形成的势阱中，形成间隔相，如果继续增大小粒子数，这些被大粒子间隔的小粒子团簇将连接在一起，从而将大部分大粒子排斥到外层，在内部形成一个长链结构，即链状相。如果保持体系 $M_r = 0.4$ 不变，增加小粒子数比例从 $F_s = 0.05$ 到 $F_s = 0.90$，图 4.16（a）～（e）中各个体系将从间隔相转变为替代相［图 4.16（b）和（c）］，或没有结构相变发生，一直都是替代相［图 4.16（a）、（d）和（e）］。在对粒子数密度 $\rho = 9.33$ 体系的讨论中可知，当两种粒子的磁矩相差较小，如 $M_r = 0.4$ 时，无论体系中小粒子的比例如何，体系都形成接近平面六角形的“替代”结构［如图 4.15（c），（f），（i），（l）所示］。而在图 4.16（b）和（c）中，体系首先形成了间隔相的结构。通过与相应同种粒子体系结构的比较，可以解释这个现象的出现。

从图 4.13 中给出的不同密度下同种粒子体系的结构图可知，接近平面六角形的结构只有在某些粒子数密度下的体系中（$\rho = 5.33$，9.33，10.67）才能形成。在粒子数密度为 6.67 和 8.00 的体系中，存在较多配位数不为 6 的缺陷粒子。在这个同种粒子体系结构的基础上，减小其中一小部分粒子的磁矩（如 $M_r = 0.4$），使之变为小粒子，这些小粒子就会被局域在缺陷粒子形成的势阱中，从而形成间隔相结构。当这部分小粒子数目增多时，就能克服势阱的限制，并填补缺陷粒子的位置，形成接近的平面六角形结构。同时在密度 $\rho = 5.33$，9.33，10.67 的体系中，各个粒子已经形成接近平面六角形的结构，如果减小其中一部分粒子的磁矩（如减小到 $M_r = 0.4$），这时较小粒子磁矩与原粒子相差不大，小粒子就可以直接替代原粒子的位置，形成接近平面六角形的晶格结构，这也是在相应各个相图中没有发生结构相变的原因。该现象直观地表现在相图中，即在密度 $\rho = 5.33$，9.33，10.67 相图中，如图 4.16 所示，间隔相和替代相之间的过渡区基本是平行的，而在 $\rho = 6.67$，8.00 体系的相图中这两个相之间的过渡区是倾斜的，且其倾斜程度取决于相应同种粒子体系中缺陷的多少。在缺陷越多的体系中（$\rho = 8.00$），其倾斜程度越大，也就意味着无序的间隔相越多。

另外，二元体系中两种粒子之间的混合情况也值得关注。在以上的讨论中，小粒子通常分布在内部，大粒子通常在紧贴管壁的外层。在图 4.16（a）～（e）中以粗线将各个相图分隔为两部分：两种粒子在外层混合态（E）和在外层非混合态（NE）。由图可知，当小粒子比例 F_s 较大或两种粒子之间磁矩 M_r 相差较小时，小粒子将会出现在外层，并与大粒子混合在一起。

基于以上对各个密度下相图的讨论，在图 4.16（f）中给出了一个具有普适性的准一维二元体系的相图。在相关参数下，可以指导相应实验以得到期望的各种结构相，如无序的“间隔”结构和“链状”、接近平面六角形晶格的“替代”结构、以及两种粒子混合态或非混合态，等等。

综上所述，研究硬壁势约束中的准一维二元磁偶极矩相互作用体系，可以使用模拟退火和最速下降法相结合的方法进行数值模拟，模拟结果发现了几种新的结构，其中包含无序的结构和有序的晶格结构，发现了该体系的丰富相图。概括来讲，该二元体系最重要的特点有以下三点：

（1）体系的基态性质主要取决于较小粒子与较大粒子的磁矩之比（M_r）、较小粒子个数所占总粒子数比例（F_s）以及体系的总粒子数密度（ρ）。

（2）体系基态包含十分复杂的相图，包含无序相和有序相。无序相主要包括以下三种：“单粒子间隔”结构，带较小磁矩的小粒子被局域限制在带较大磁矩的大粒子之间；“团簇间隔”结构，多个小粒子形成小团簇，被局域限制在大粒子之间，小粒子组成的团簇实际上是一个有效粒子，类似于“单粒子间隔”结构中的单个小粒子；“链状”结构，原本被大粒子分隔开的小粒子团簇连接在一起，并在细管内部形成链状结构。有序相是接近平面六角形的“替代”结构。如果增加较小粒子的比例 F_s，体系结构会发生从“间隔”结构到“链状”结构的转变。如果减小两种粒子之间的磁矩差距，即增大 M_r，体系结构将从“间隔”结构或“链状”结构转变成“替代”结构。

（3）体系形成以“T”形状为过渡区域的普适性相图。在相关参数下，可以指导相应实验以得到期望的各种有序或无序的结构。

第 5 章　抛物势约束中的自泳胶体粒子系统

近年来，自泳胶体粒子成为胶体研究领域的新热点。在很多实际体系中的粒子都可以称为自泳粒子，如大肠杆菌、精子、团藻等。实验中可以通过对胶体粒子进行表面处理，然后施加外场实现胶体粒子的自驱动，如第 1 章中介绍的 Janus 微纳马达。现阶段对自泳粒子的研究主要集中在实验制备和精确控制方面，对自泳粒子在各种约束条件下的静态和动力学性质，以及其与普通胶体粒子体系的相互作用尚缺乏系统研究。接下来系统讲述约束在典型抛物势中的二维自泳粒子体系的运动性质和结构特点[136]，并与抛物势中普通胶体粒子体系的结果进行对比分析。

5.1　理论模型及计算方法

考虑自泳粒子的约束条件是一个直径为 D 的抛物势，并将该抛物势放置在二维平面上。因此理论模型具体为：在二维平面上建立一个 $L\times L$ 的正方形原胞，并在该原胞中心位置定义一个直径为 D 的抛物势约束，在 x、y 方向施加周期性边界条件。依据以下修正的朗之万方程，计算 N 个恒定速率为 v_0 的自泳粒子在该约束条件下的静态和动力学性质。

$$\frac{\mathrm{d}\vec{r}_i}{\mathrm{d}t}=v_0\hat{v}_i+\mu\left(\sum_{j\neq i}\vec{F}_{ij}+\vec{F}_i^{p}\right) \tag{5-1}$$

其中，$\vec{r}_i$ 为第 i 个粒子的位置；μ 为自泳粒子的扩散系数；$\vec{F}_{ij}$ 为第 i 个粒子与第 j 个粒子之间的相互作用：

$$\begin{aligned}&\vec{F}_{ij}=\kappa\alpha_{ij}\vec{r}_{ij}, && \alpha_{ij}>0\\&\vec{F}_{ij}=0, && \alpha_{ij}\leqslant 0\end{aligned} \tag{5-2}$$

其中，κ 为作用强度系数；$\vec{r}_{ij}$ 为第 i 个粒子与第 j 个粒子之间的距离；$\alpha_{ij}=\frac{1}{2}(d_i+d_j)-r_{ij}$，为第 i 个粒子与第 j 个粒子之间的位置重叠距离（d_i、d_j 为第 i 个粒子与第 j 个粒子的直径）。上式表明，若第 i 个自泳粒子与第 j 个自泳粒子无位置重叠，则相互作用为 0；若存在重叠，则依据上式进行计算。$\vec{F}_i^{p}$ 为抛物势对自泳粒子的吸引力，以抛物势中心为坐标原点，当自泳粒子的位置 $r<D/2$ 时，受到的

$\vec{F}_i^p = -Ar(A>0)$，A 表示抛物势的约束强度系数。$\hat{v}_i = (\cos\theta_i, \sin\theta_i)$ 是第 i 个粒子受到的角向无规扰动，其中 $\theta_i(t)$ 与满足高斯分布的白噪干扰项 $\eta_i(t)$ 成正比：

$$\frac{\mathrm{d}\theta_i(t)}{\mathrm{d}t} = \eta_i(t) \tag{5-3}$$

$$\langle \eta_i(t) \rangle = 0, \langle \eta_i(t)\eta_j(t') \rangle = 2D_\mathrm{r}\delta_{ij}\delta(t-t') \tag{5-4}$$

其中，D_r 为角向干扰的扩散系数。因为主要讨论角向干扰的影响，在此忽略了热涨落的作用。

为方便计算，将上述模型无量纲化。选取自泳胶体粒子的直径 d 为单位长度 $r_0 = d$；选取 $t_0 = 1/\mu_0\kappa_0$ 为单位时间。在此基础上，设定模拟过程中的基本无量纲参数：原胞长度 $L = 100$，抛物势直径 $D = 30$，自泳粒子直径 $d = 1$，自泳粒子间相互作用强度系数 $\kappa = 10$，自泳粒子扩散系数 $\mu = 1$，模拟总时长 $t_\mathrm{e} = 4000$，且时间步长 $\Delta t = 0.001$。

总时长 t_e 的选取需要体系在抛物势内达到动态平衡，由此进行了一系列的模拟测试。初始时刻，N 个恒定速率为 v_0 的自泳粒子无规分布在 $L\times L$ 的原胞中，基于以上修正的朗之万方程计算 N 个自泳粒子的运动轨迹。图 5.1 描绘了不同粒子数体系中位于抛物势内部的自泳粒子数 N_i 随时间 t 的变化曲线，图中体系总粒子数 $N = 100$～12500，每个体系的角向干扰扩散系数 $D_\mathrm{r} = 0.005$，恒定速率为 $v_0 = 1.0$，抛物势约束强度系数 $A = 0.1$。图中 $N<1000$ 的体系在曲线右侧标记出了相应的总粒子数。$N>1000$ 的体系由于曲线重叠，不再做出标记。由图中可知，

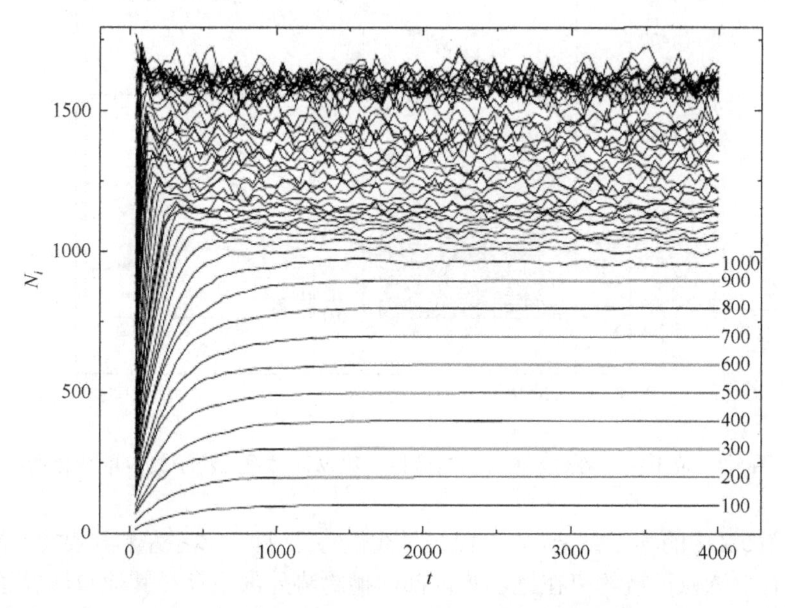

图 5.1　不同粒子数体系中位于抛物势约束内部的自泳粒子数 N_i 随模拟总时长 t 的变化曲线

N＜1000 的体系在经过 $t = 1000$ 的运动之后所有自泳粒子均进入抛物势约束的内部，即 r＜15。当体系粒子数继续增大时，位于抛物势内部的粒子数呈现振荡的行为，表示体系达到动态平衡，即进入抛物势的粒子数与离开抛物势的粒子数达到平衡。因此接下来统计平衡性质时，选取 $t = 2000$～4000 范围求平均，以确保体系处于动态平衡过程中。因此选取的模拟总时长 $t_e = 4000$ 是合理并可行的。

5.2　自泳粒子在抛物势约束中的填充状态

由图 5.1 可知，即使模拟体系的总粒子数 N 为 1000～12500，位于抛物势约束内部的粒子数 $N_i \approx 1000$～1700，即抛物势内部可容纳的自泳粒子数不超过 1700。为进一步阐述该规律，图 5.2 中给出了抛物势内部粒子数 N_i 随体系总粒子数 N 的变化曲线。图中体系总粒子数 $N = 100$～12500，$D_r = 0.005$，$v_0 = 1.0$，$A = 0.1$。插图（a）为 $N = 2000$ 体系的构型图，中间圆圈代表抛物势约束的范围。插图（b）中的实心正方形曲线为自泳粒子的径向均分位移随体系总粒子数 N 的变化曲线，其 x、y 分量对应插图（b）中的实心圆点曲线和实心三角形曲线。该 N_i-N 曲线可分成三部分进行讨论分析。

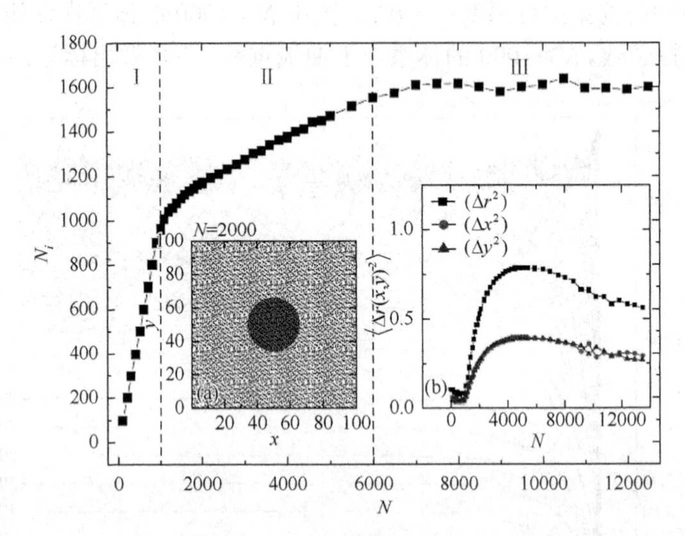

图 5.2　位于抛物势约束内部的自泳粒子数 N_i 随体系总粒子数 N 的变化曲线

在图 5.2 中的第 I 部分，N_i-N 曲线呈线性特征，即当体系总粒子数 0＜N＜1000 时，所有自泳粒子被约束在抛物势内部，抛物势外部不存在其他自泳粒子。在本章参数体系下，抛物势的约束范围是自泳粒子的 900 倍：$\pi \times 15^2 = 900 \times \pi \times 0.5^2$。

当进一步增加自泳粒子个数，抛物势外部的自泳粒子若要再进入内部，则对原内部的自泳粒子挤压产生弹性变形。该弹性变形能量由更外部粒子的自泳运动提供，即当更外部的自泳粒子运动时，将会对较内部粒子产生整体的排斥作用效果（以下简称“自泳压强”），推动较内部粒子向抛物势内部运动。因而在体系总粒子数 $1000<N<6000$（图中第 II 部分）时，抛物势内部粒子随体系总粒子数呈缓慢线性变化（斜率约等于 0.12），反映了抛物势内部自泳粒子弹性形变及粒子数不断增加的过程。图中插图（a）为 $N=2000$ 时体系的结构，显示了自泳粒子已占据了抛物势内部的情况。当 $N=6000\sim12500$ 时（图中第III部分），抛物势内部的自泳粒子数稳定在 1600 左右，呈现饱和状态。这说明当 $N=6000$ 时，抛物势内部的自泳粒子数达到饱和，且由于外部粒子的增加开始产生聚集效应，因此外部粒子的自泳压强不足以推动外部粒子再进入抛物势内部产生弹性形变。

此外，图 5.2 插图（b）中计算了自泳粒子的均方位移随体系总粒子数的变化曲线。其中当 $0<N<1000$ 时，自泳粒子的均方位移约等于零，说明其处于抛物势的约束内部，在抛物势的束缚下基本处于稳定晶格结构。当 $1000<N<6000$ 时，自泳粒子的均方位移增大，这来自于抛物势外部的自泳粒子的贡献。当 $N>6000$ 时均方位移趋于下降，主要原因是当抛物势外部的自泳粒子密度较高时，开始产生聚集成簇的现象，降低了自泳粒子的均方位移。均方位移的分析进一步验证了上述结果的正确性。

5.3　自泳粒子在抛物势约束中的结构与相图

以上主要讨论了随着体系总粒子数的变化，自泳粒子占据抛物势内部的状态变化。接下来主要讲述约束在抛物势内部的自泳粒子形成的结构特点。选取体系总粒子数 $N=500$ 体系为例，在图 5.3 中列出了不同参数系统下形成的不同结构构型，具体参数对应：（a）$D_r=0.005$，$v_0=1.0$，$A=0.05$；（b）$D_r=0.005$，$v_0=1.0$，$A=0.1$；（c）$D_r=0.005$，$v_0=1.0$，$A=0.5$；（d）$D_r=0.005$，$v_0=5.0$，$A=0.5$。图中插图为对应体系的径向分布函数 $g(r)$。

在图 5.3（a）～（d）中，中心的大圆圈代表抛物势约束的范围，小粒子代表自泳粒子的位置。图 5.3（a）与（b）的粒子速率相同（$v_0=1.0$），仅抛物势约束强度不同，（a）中 $A=0.05$，为弱抛物势约束，（b）中 $A=0.1$，比（a）体系中的抛物势约束强度高。图 5.3（c）与（d）均在强抛物势约束下（$A=0.5$），但自泳速率不同，（c）体系对应 $v_0=1.0$，（d）体系对应 $v_0=5.0$。在此主要分析自泳速率和抛物势约束强度对体系形成结构的影响。

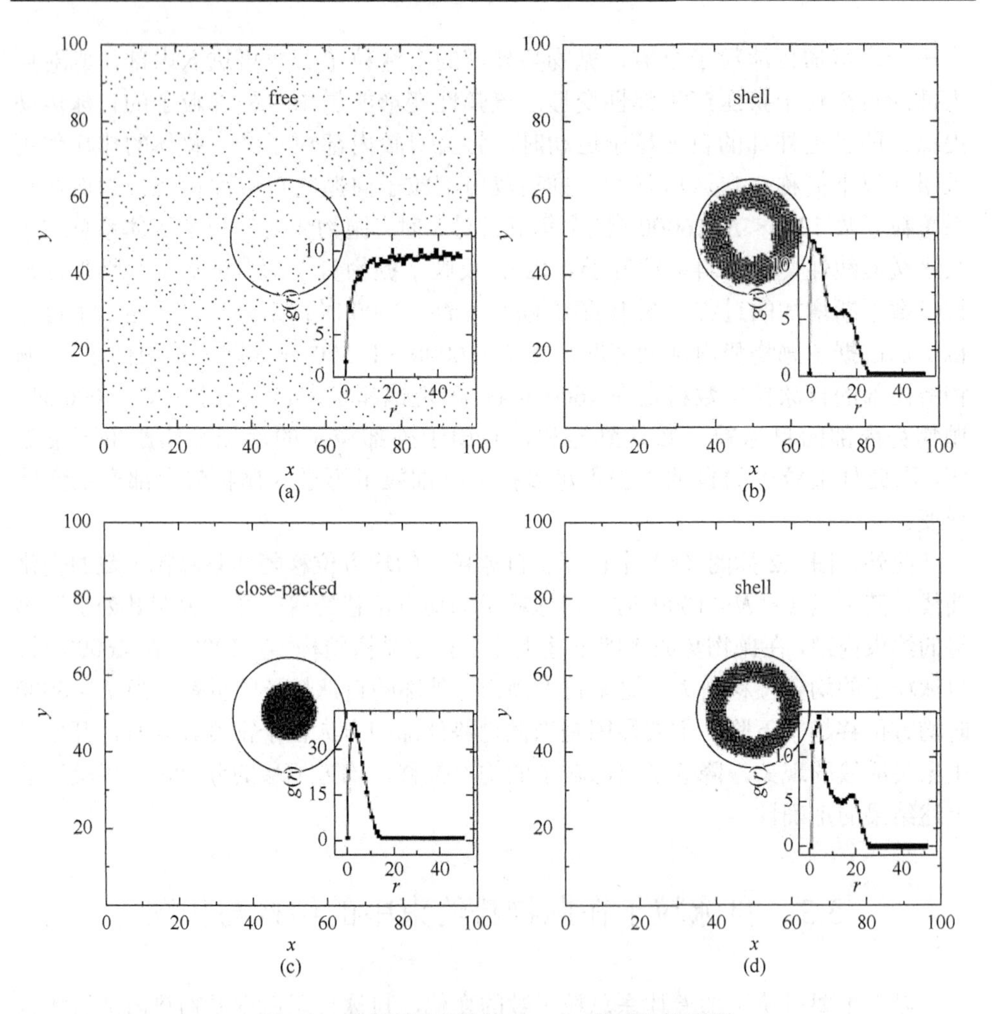

图 5.3　具有不同参数的 $N = 500$ 体系的构型图

各图中的插图为对应体系的径向分布函数 $g(r)$

由图 5.3（a）可知，当抛物势约束较弱时（$A = 0.05$），自泳粒子受到抛物势的作用几乎可以忽略不计，因此自泳粒子呈现自由的无规运动。插图中的 $g(r)$-r 曲线显示纵轴的径向分布函数约等于 1.0，证实了此时自泳粒子的运动为无规运动。在此基础上增大抛物势的约束强度至 $A = 0.1$，如图 5.3（b）所示，全部自泳粒子被约束在抛物势内部形成了环形结构。

图 5.3（b）中的环形结构与抛物势约束中的普通胶体粒子形成的六角晶格结构是不同的。若是普通胶体粒子系统，由于在抛物势中心受到的约束最小，则由中心向外形成六角晶格结构。而自泳粒子在抛物势中心受到的约束为零，但由于自身有速度，因此并不在中心附近形成晶格，而是向抛物势边缘运动，最终当自

泳速度与抛物势约束的作用相当时，达到平衡状态，即形成晶格结构。因此自泳粒子在抛物势中的结构是自泳速度与抛物势约束相竞争的结果。图 5.3（b）插图中的径向分布函数进一步证实了该环状结构的产生。

保持自泳粒子的自泳速率为 1.0，进一步增强抛物势约束的强度至 $A = 0.5$，如图 5.3（c）所示，500 个自泳粒子体系处于强抛物势约束中，形成了圆形的密堆积结构，即抛物势约束的作用超过了自泳粒子的自泳作用，自泳粒子呈现出普通胶体粒子的性质，在抛物势内部形成稳定的晶格结构。图 5.3（c）插图中的径向分布函数证实了环状结构的消失。在此基础上，若保持抛物势约束强度不变，但提高自泳粒子的速率至 $v_0 = 5.0$，即加强自泳速度的作用，则又在抛物势内部形成环形结构，如图 5.3（d）所示。因此进一步验证了自泳粒子在抛物势中的结构是自泳速度与抛物势约束相竞争的结果。

基于上述讨论可知，通过改变自泳粒子的速率和抛物势约束强度，可以调控自泳粒子在抛物势内部形成的结构，从而达到预期目的。

在以上讨论中，固定角向干扰的扩散系数 $D_r = 0.005$，下面讨论该参数对自泳粒子运动性质的影响。以 $N = 500$ 的自泳粒子为例，当 $v_0 = 1.5$，$A = 0.2$ 时，计算体系在不同角向干扰扩散系数 D_r 下的不同结构。如图 5.4（a）和（b）所示，分别为 $D_r = 0.005$ 和 $D_r = 5.0$ 时，500 个自泳粒子以自泳速率 $v_0 = 1.5$ 在约束强度为 $A = 0.2$ 的抛物势中形成的基态结构图。图 5.4（c）为对应图 5.4（a）体系中粒子的径向分布函数图，相应的图 5.4（d）为图 5.4（b）体系中粒子的径向分布函数图。由图 5.4（c）可知，图 5.4（a）体系在角向干扰扩散系数 $D_r = 0.005$，即角向干扰较弱时，$g(r)$存在分布较均匀的峰值，体系结构呈接近的六角晶格结构。而图 5.4（d）则显示当角向干扰很大时（$D_r = 5.0$），$g(r)$仅在很小范围内有两个峰，当较大范围内无峰值出现，形成密堆积的类晶体结构，整体体系的对称性降低。

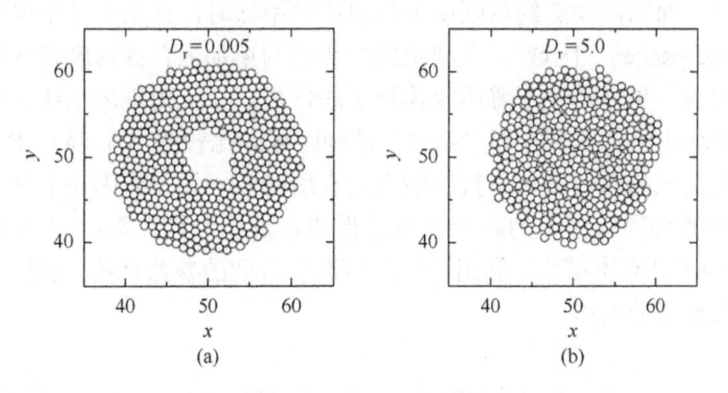

图 5.4　（a），（b）为具有不同参数的总粒子数 $N = 500$ 体系的构型图；（c），（d）为分别对应（a）和（b）体系的径向分布函数 $g(r)$

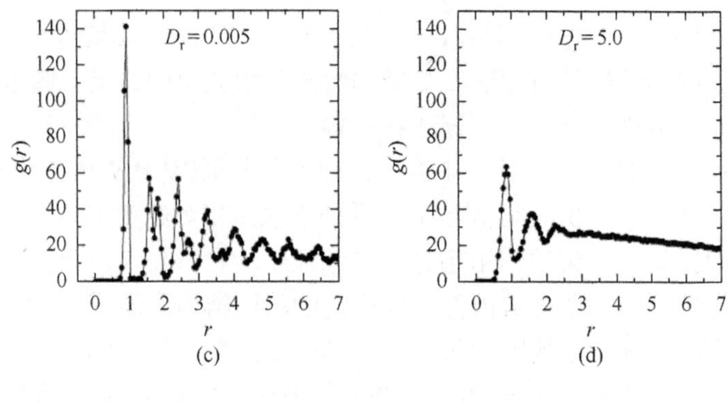

图 5.4（续）

原因在于较大的角向干扰将破坏局域的六角晶格结构，因此该角向干扰项主要影响的是局域结构的对称性，但并未对体系贡献新的相图。

因此基于以上分析，可利用自泳粒子速率和抛物势约束强度调控自泳粒子在抛物势中的基本结构，再利用角向干扰的扩散系数 D_r 对其结构进行局域的精细调整，达到调控自泳粒子结构的目的。

综合以上对自泳粒子的速率和抛物势约束强度的讨论，在图 5.5 中描绘了 $N = 100$ 体系和 $N = 500$ 体系关于自泳粒子速率 v_0 和抛物势约束强度 A 的相图。其中“free”结构代表自泳粒子做无规运动，“shell”结构代表自泳粒子在抛物势中形成的环状结构，“close-packed”代表自泳粒子在抛物势中形成的密堆积结构。相图中，抛物势约束强度 A 的变化范围为 0.01～0.5，步长 $\Delta A = 0.05$，自泳粒子速率 v_0 的变化范围为 0.1～5.0，步长 $\Delta v_0 = 0.5$。由相图可知，当抛物势约束强度很小时，体系总是呈现无规运动状态，对应“free”区域，且该区域随着自泳粒子的速率增大而扩大，对应体系中自泳粒子在抛物势约束较小时，将主要呈现无规的自泳运动。而当抛物势约束强度大且自泳速率低时，体系总是呈现密堆积状态（对应“close-packed”区域），主要由抛物势的约束加上自泳速度较低导致粒子的自泳运动较弱，更多体现了普通胶体粒子的性质。介于无规运动状态和密堆积结构之间的是环形结构区域，即“shell”结构区域。比较图 5.4（a）和（b），发现该环形结构区域随着体系粒子数的增大而有所减小，主要原因在于体系粒子数的增加会使得抛物势约束中的粒子更容易形成密堆积结构，因此图 5.4（b）中的“shell”结构区域有所减小。利用该相图可选取合适的参数系统，调控自泳粒子在抛物势内部形成的结构。

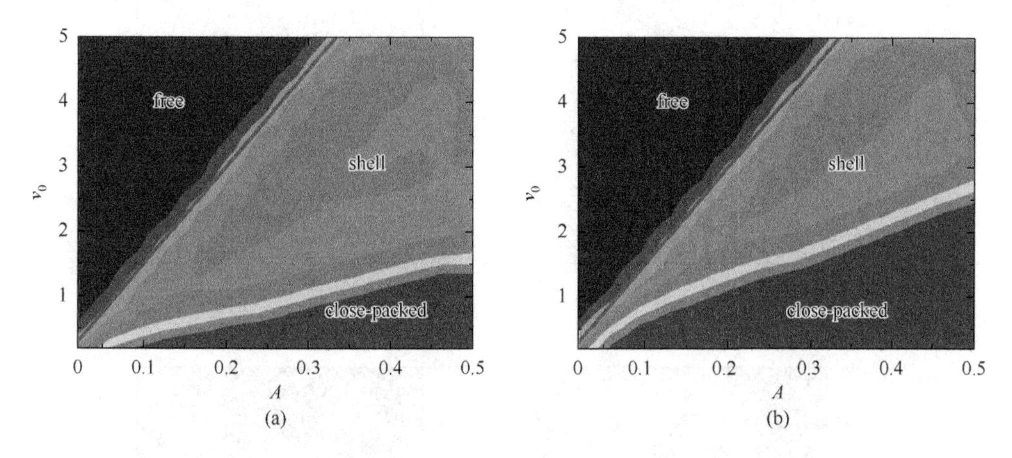

图 5.5　（a）总粒子数 $N=100$，$D_{\mathrm{r}}=0.005$ 体系随参数 A 和 v_0 变化的结构相图；（b）总粒子数 $N=500$，$D_{\mathrm{r}}=0.005$ 体系随参数 A 和 v_0 变化的结构相图

5.4　自泳粒子在抛物势约束外的聚集成簇

以上讲述了自泳粒子在抛物势内部的状态和结构，接下来讲述自泳粒子在抛物势外部的运动性质。在抛物势外部，每个自泳粒子受到其他自泳粒子的接触排斥势和无规热涨落的作用，在粒子数密度较小时，基本呈现无序状态，但随着粒子数密度的增加，自泳粒子将产生聚集成团簇的现象，即高密度下自泳粒子的团簇现象。

图 5.6（a）～（d）列出了 $N=6000$，$N=6500$，$N=8000$ 和 $N=10000$ 时体系的结构图。由抛物势约束的填充状态可知，$N=6000$～10000 时，抛物势内部自泳粒子的个数约为 1600，即当 $N=6000$～10000 时，抛物势约束外部粒子的密度逐渐增大。伴随外部粒子密度增大的是自泳粒子开始聚集成团簇形式，降低了整体的运动速度，如图 5.6（b）中的 $N=6500$ 体系结构所示。进一步增大总粒子数至 $N=8000$［图 5.6（c）］，自泳粒子的团簇形式开始聚集成片，且倾向于在远离抛物势的边界形成，该现象在体系 $N=10000$［图 5.6（d）］时更加明显。究其原因，主要在于体系处于动态平衡下，在抛物势约束边界上总存在一部分自泳粒子进入抛物势内部，一部分粒子逃离抛物势内部的情况，由此在抛物势边界附近存在较强的相互作用区域，很难形成相对温度的团簇结构，因此自泳粒子的团簇聚集倾向于在远离抛物势约束的边界形成。

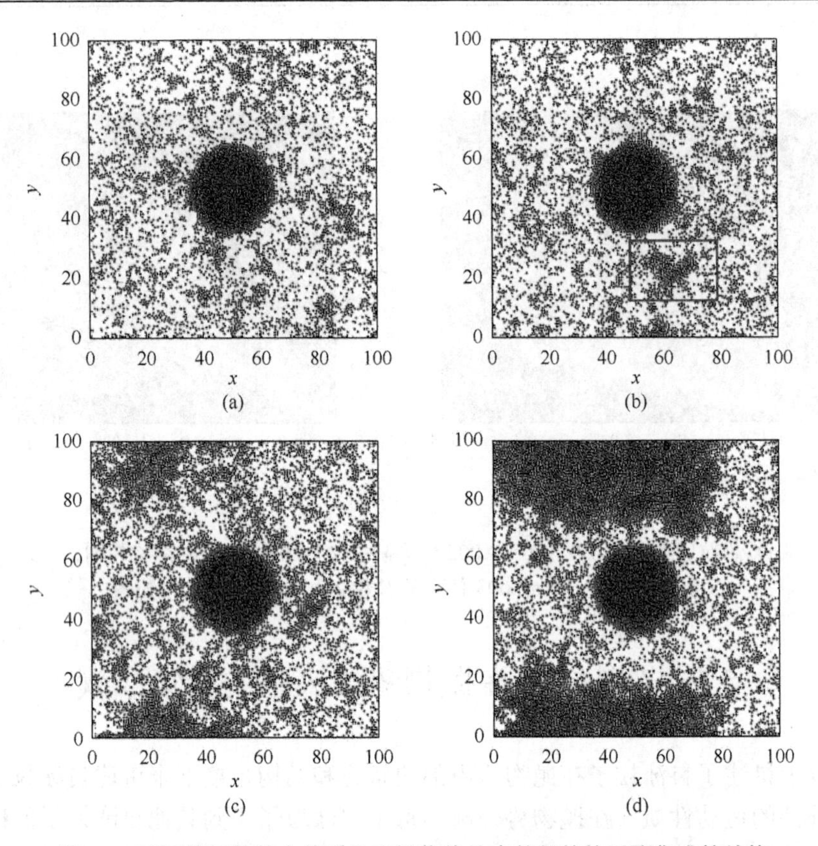

图 5.6　不同粒子数的大体系位于抛物势约束外部的粒子聚集成簇结构

$D_r = 0.005$，$v_0 = 1.0$，$A = 0.1$，对应不同的总粒子数：（a）$N = 6000$，（b）$N = 6500$，（c）$N = 8000$，（d）$N = 10000$

第 6 章　硬壁势约束中的自泳胶体粒子与一般胶体粒子的多元系统

在自泳胶体粒子系统的研究中，自泳胶体粒子在准一维硬壁细管的行为研究可以为很多生物体系提供理论模型，是属于现阶段胶体问题中的热点问题。基于此问题，建立简化的包含自泳胶体粒子和两种一般胶体粒子的多元系统模型，研究自泳胶体粒子和一般胶体粒子在细管中的输运行为，并实现了自泳胶体粒子对两种一般胶体粒子的分离[137]。为方便描述，以下简称“自泳胶体粒子”为“自泳粒子”，简称“一般胶体粒子”为“胶体粒子”。

对介观尺度的胶体粒子分离技术可以为生物领域的 DNA 分子分离、制药领域的药物颗粒输运等问题提供支持。现阶段，主要通过施加外场研究胶体粒子的相分离及自组装问题，但外场的施加并不能实现对多元胶体粒子的局域调控，不利于研究粒子在细管中的输运性质。而通过自泳粒子在细管中的运动，以及其与细管中已有的两种胶体粒子相互作用，既可以研究自泳粒子和胶体粒子在细管中的输运性质，又对两种混合的胶体粒子实现了粒子分离。

6.1　理论模型及计算方法

考虑准一维细管模型，体系粒子被约束在一个 x 方向施加周期性，y 方向受限的硬壁细管中。同时，考虑粒子间的相互作用，在实验中胶体粒子间相互作用可以被约化成偶极矩相互作用。具体建立理论模型的主要步骤如下：

（1）建立准一维细管模型：计算原胞设为长 $L_x = 1\text{mm}$，宽 $L_y = 120\mu\text{m}$，并在 x 方向施加周期性边界条件，实现了准一维细管的模型。

（2）设定细管中两种胶体粒子的参数：设第一种胶体粒子数为 N_A，带有效电荷为 Q_A；第二种胶体粒子数为 N_B，带有效电荷为 $Q_B = 8Q_A$，任意两个粒子之间的相互作用为 $V_{ij} = Q_iQ_j/r_{ij}^3$，r_{ij} 为两个粒子之间的距离。为将体系无量纲化，取单位长度为 $a_0 = 10\mu\text{m}$（与相应实验中胶体粒子之间的平均距离相同量级），取单位能量 $E_0 = Q_A^2 / a_0^3$，定义无量纲耦合参数 $\Gamma = E_0/K_BT = 200$（确保体系不处于熔解状态），其中，K_B 为玻尔兹曼常量，T 为室温 300K。在计算过程中，选取粒子间偶极矩相互作用的截断半径为 $r = 6$，忽略两种粒子的距离超过 $r = 6$ 时的相互作用。

（3）设定细管中自泳粒子为受到沿 x 方向恒力（F_{drx}）驱动的自泳粒子，其有效电荷为 $Q_d = Q_A$，单位力为 $F_0 = \Gamma K_B T/a_0$，由 $\Gamma = 200$，可知 $F_0 = 8.28\times10^{-14}$N。

在以上理论模型基础上，依据布朗动力学算法，实施分子动力学模拟计算。算法公式如下：

$$\frac{d\vec{r}_i}{dt} = \frac{D_i}{K_B T}\left\{-\nabla_{\vec{r}_i}\sum_{i\neq j}V_{ij}(\vec{r}_i,\vec{r}_j) + \vec{F}_{drx} + \vec{F}_i(t)\right\} \tag{6-1}$$

其中，D_i 为胶体粒子的扩散系数，其中第一种胶体粒子和自泳粒子的扩散系数为 $D_i^A = 1.0\mu m^2/s$，第二种胶体粒子的扩散系数为 $D_i^B = 0.7\mu m^2/s$。式（6-1）中第一项表示每个粒子受到其他粒子的排斥作用，第二项只作用到自泳粒子上，第三项表示无规热涨落的作用。且第三项满足以下两个条件：

$$\left\langle \tilde{F}_i(t)\right\rangle = 0 \tag{6-2}$$

$$\left\langle \tilde{F}_{i\alpha}(t)\tilde{F}_{i\beta}(t')\right\rangle = 2(K_B^2T^2 / D_i)\delta(t-t')\delta_{ij}\delta_{\alpha\beta} \tag{6-3}$$

依据以上算法公式，选取 $\Delta t = 10^{-4}$s。首先计算无自泳粒子的两种胶体粒子在细管中的稳定结构，呈现两种粒子的混合状态。在此基础上，加入一个自泳粒子，进行 10^8 步分子动力学计算，即模拟体系运动 10^4s。结果显示，在一定恒力范围内，由于自泳粒子的相互作用，两种粒子之间会出现显著的速度差，而该速度差则导致两种胶体粒子随时间的变化而产生分离现象。

6.2 无自泳粒子的二元体系平衡结构

设定驱动力 $F_{drx} = 0$ 以及自泳粒子数 $N_d = 0$，通过布朗动力学方法首先计算两种胶体粒子在细管中的稳定结构，以 $N_A = N_B = 40$ 的无自泳粒子体系为例，A 粒子的有效电荷为单位电荷，B 粒子的有效电荷是 A 粒子的 8 倍。通过偶极矩短程相互作用在准一维细管中达到平衡状态，如图 6.1（a）所示。图中以空心正方形表示 A 粒子（以下简称小粒子），实心小圆点表示 B 粒子（以下简称大粒子）。这两种粒子在细管中呈现混合状态，且大粒子由于受到更强的排斥作用大部分占据上下管壁边界，其他大粒子被边界的大粒子推入细管内部，而同样处于细管内部的小粒子被内部的大粒子分隔为小团簇的结构，即在细管内部形成大粒子和小粒子团簇间隔排列的结构形式，该结果与第 4 章中的团簇间隔结构结果是一致的。另外，在图 6.1（a）中，实心大圆点表示自泳粒子，代表 A、B 两种胶体粒子达到平衡之后，再在细管最左侧加入一个自泳粒子，因此图 6.1（a）代表了两种胶体粒子达到平衡后再加入自泳粒子进行模拟的初始状态结构图。

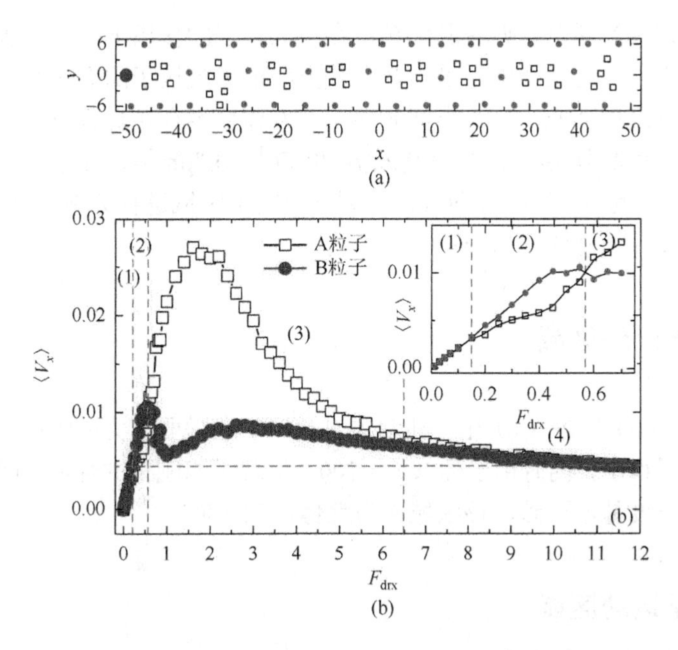

图 6.1　（a）$N_A = 40$，$N_B = 40$，$Q_B = 8Q_A$，$Q_d = Q_A$ 体系的平衡结构；（b）A 粒子和 B 粒子的 x 方向平均速度 $\langle V_x \rangle$ 随自泳粒子驱动力 F_{drx} 的变化曲线

6.3　多元体系中胶体粒子的平均速度

在细管中两种胶体粒子达到平衡后，加入一个有效电荷与 A 粒子相同的自泳粒子，该自泳粒子在一个 x 方向的等效恒力驱动下在细管中运动，并同时与 A、B 两种胶体粒子之间通过偶极矩作用相互排斥。因此，该体系中，A 粒子受到 B 粒子、自泳粒子的短程排斥作用以及细管的硬壁约束和无规热涨落作用（B 粒子与 A 粒子情况相同）。自泳粒子受到等效恒力驱动作用和 A、B 粒子的短程排斥作用及无规热涨落作用。

图 6.1（b）是对应（a）中的 $N_d = 1$，$N_A = N_B = 40$ 体系中 A 粒子和 B 粒子的 x 方向平均速度 $\langle V_x \rangle$ 随自泳粒子驱动力 F_{drx} 的变化曲线，（b）中插图为图 6.1（b）区域（2）的局部放大图。由于体系在 y 方向受限，主要研究了各种粒子在 x 方向的平均速度随自泳粒子的等效驱动力的变化情况。图中空心正方形曲线对应小粒子（A 粒子）平均速度，实心圆点曲线对应大粒子（B）平均速度。自泳粒子的速度远高于两种胶体粒子速度，在此不再重点讨论。需要说明的是，本章以下各图对于 A、B 粒子和自泳粒子的画法，与本图一致，以下不再重复说明。

如图 6.1（b）所示，两种胶体粒子在自泳粒子的作用下，平均速度在一定范围内出现差值，一定范围内几乎重合，甚至出现了大粒子的平均速度超过小粒子平均速度的反常规区域，呈现丰富的性质。若体系不存在自泳粒子，相应两种胶体粒子的扩散系数分别为 $D_i^{\mathrm{A}} = 1.0\mu\mathrm{m}^2/\mathrm{s}$ 和 $D_i^{\mathrm{B}} = 0.7\mu\mathrm{m}^2/\mathrm{s}$，并不存在上述现象。下面将图 6.1 中的〈$V_x$〉-$F_{\mathrm{drx}}$ 曲线具体划分为四个区域进行分别讨论，对应图 6.1（b）中以竖线分隔开的（1）～（4）区域。

6.3.1 整体运动区域

在图 6.1（b）区域（1）中，横轴的自泳粒子在微弱恒力的驱动下，对两种胶体粒子的作用很小，同时由于体系 $\Gamma = 200$，呈现类似刚体的性质，因此两种胶体粒子的平均速度基本一致，该区域称为整体运动区域。

6.3.2 反常运动区域

图 6.1（b）插图是区域（2）的放大图，在图中出现了 B 粒子（即大粒子）的平均速度高于小粒子平均速度的现象，由此称该区域为反常运动区域。该反常运动现象可由自泳粒子与大粒子之间较大的排斥作用来解释。在该区域，自泳粒子的恒力比区域（1）中的有所增加，因此沿 x 轴的运动速度会增大。同时，由于两种胶体粒子所带电荷不同，自泳粒子对两种粒子的作用开始有所差别，对大粒子的排斥作用更大，从而使大粒子的速度增大。同时，在该区域，胶体粒子的速度较小，阻力可忽略，因此大粒子的平均速度高于小粒子的平均速度。

图 6.2 进一步解释了该现象。图 6.2（a）～（c）为 $t = 3\mathrm{s}$、60s、150s 时刻的体系结构图［对应图 6.1（b）中的区域（2）中的一个体系］，由此可知自泳粒子在细管中沿 x 轴方向运动。在 $t = 60\mathrm{s}$ 时刻，自泳粒子与位于前方的大粒子相互作用，由于作用较强，在 $t = 150\mathrm{s}$ 时刻，自泳粒子继续推动该大粒子向前运动，但相应小粒子已位于自泳粒子后方，速度降低。图 6.2（d）中计算了胶体粒子的局域密度分布情况，图中横轴为 x 方向上胶体粒子与自泳粒子的距离，纵轴为两种胶体粒子的分布密度。由图 6.2 可知，在自泳粒子前方（即 $\Delta x > 0$）时，大粒子的密度高于小粒子的密度，说明自泳粒子主要推动大粒子向前，导致大粒子平均速度高于小粒子的平均速度。而在 $-10 < \Delta x < 0$ 之间存在一个小粒子密度的小峰值，说明在自泳粒子后方的小粒子开始聚集为小团簇，开始了对两种胶体粒子的分离作用。

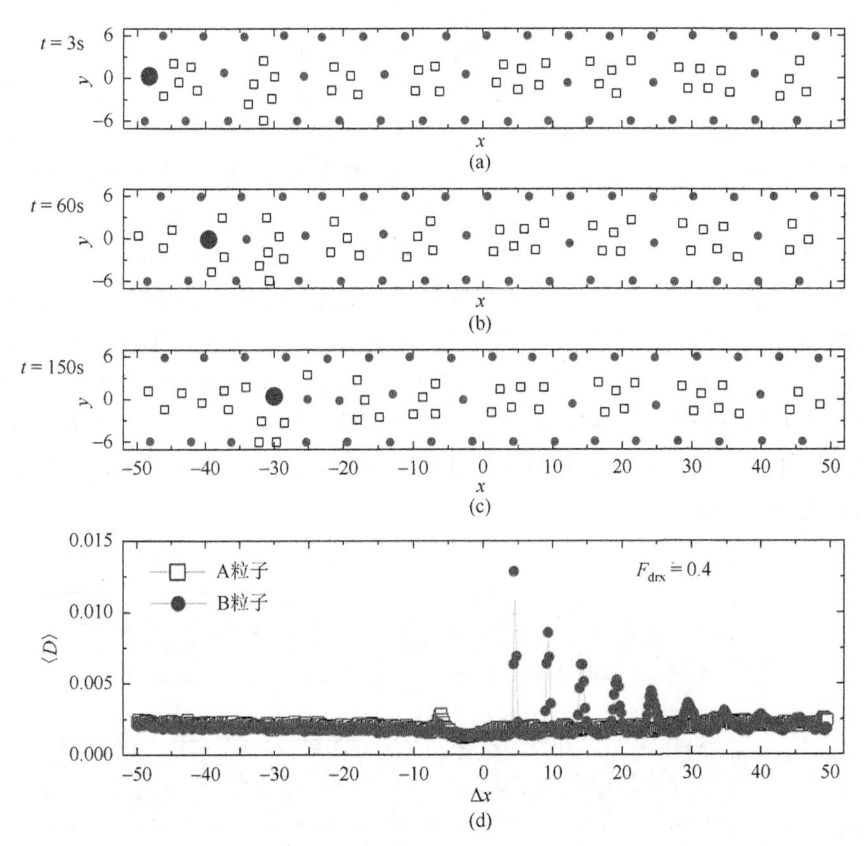

图 6.2　（a）～（c）$N_A=40$，$N_B=40$，$Q_B=8Q_A$，$Q_d=Q_A$，$F_{drx}=0.4$ 体系在不同时刻的构型图；（d）A 粒子和 B 粒子在 x 方向距离自泳粒子不同位置的局域密度分布

6.3.3　分离运动区域

进一步提高自泳粒子的驱动恒力，两种胶体粒子的运动速度产生了较大的差别。如图 6.1（b）中区域（3）所示。在该区域中小粒子的平均速度先升高，并在 $F_{drx}=2.0$ 时达到峰值，之后逐渐降低，在 $F_{drx}=6.5$ 时与大粒子速度基本一致。在该区域中大粒子的平均速度首先降低然后缓慢增加再缓慢降低，在 $F_{drx}=6.5$ 时与小粒子速度基本一致。因此在该区域中两种粒子的运动行为可以总结为先分离再趋向一致的过程。特别是在该区域的一开始，小粒子速度升高，伴随大粒子速度的下降，显示了两种胶体粒子运动行为的分离，由整体弹性行为到塑性行为的转变。其原因在于，自泳粒子恒力的增大导致了自泳粒子速度的进一步升高，而速度的升高，导致两种粒子所受阻力增大，且大粒子所受阻力更大，从而大粒子速度降低，小粒子速度上升。直到小粒子速度的上升导致所受阻力较大时（$F_{drx}=2.0$ 之后），其速度开始下降。伴随小粒子速度的下降，大粒子所受阻力稍小，从而大

粒子的速度在 $F_{drx} = 2.0$ 之后开始缓慢上升，最终与小粒子趋于一致。

在此过程中，不仅出现了两种粒子的速度分离，也出现了结构分离的现象。图 6.3（a）～（c）列出了对应图 6.1（b）区域（3）中的一个体系在 $t = 3s$、600s、23100s 三个时刻的结构图。在 $t = 3s$ 时刻，体系呈现类似的团簇间隔结构，到 $t = 600s$ 时刻，自泳粒子挤压并推动前方的小粒子运动，后方的大粒子和小粒子开始出现分离现象，至 $t = 23100s$ 时刻，自泳粒子穿过内部的小粒子团簇运动，此时大粒子和小粒子已完全分离，小粒子呈多层链状分布在细管内部，大部分大粒子占据细管上下边界，小部分大粒子在细管内部形成一维链，但在内部两种粒子并不混合。图 6.3（d）中，两种粒子相对于自泳粒子的局域密度分布显示紧邻自泳粒子前方的小粒子分布密度较大，显示了速度较快的自泳粒子对前方小粒子团簇的挤压作用。而其他位置的两种胶体粒子受到自泳粒子作用较小，弛豫后显示了均匀的分布密度。

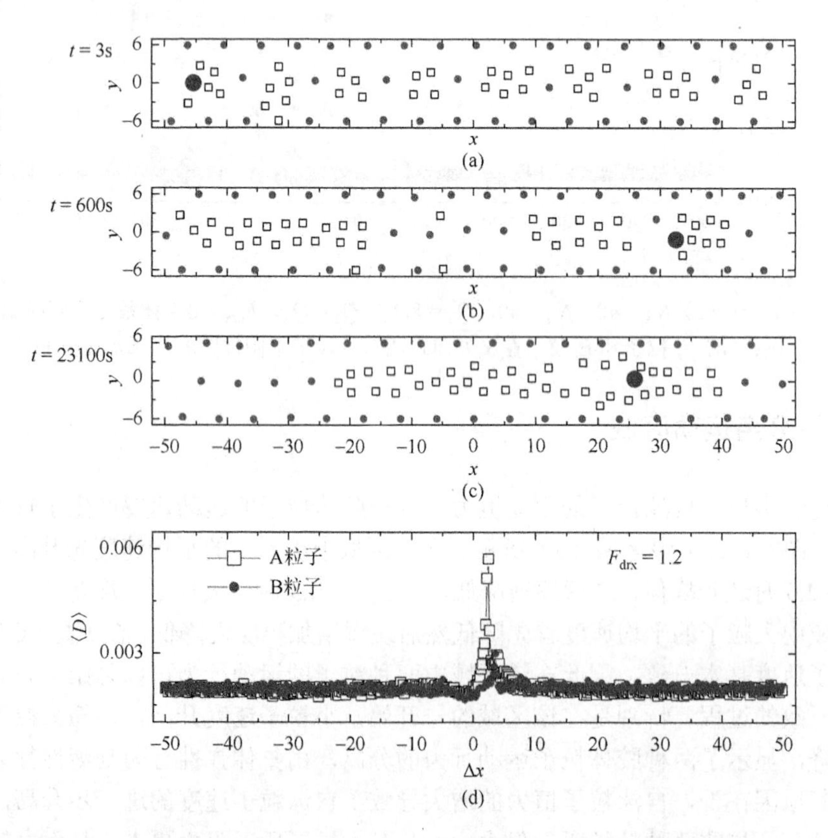

图 6.3　（a）～（c）$N_A = 40$，$N_B = 40$，$Q_B = 8Q_A$，$Q_d = Q_A$，$F_{drx} = 1.2$ 体系在不同时刻的构型图；（d）A 粒子和 B 粒子在 x 方向距离自泳粒子不同位置的局域密度分布

6.3.4 匀速运动区域

在图 6.1（b）区域（4）中，自泳粒子在较大恒力驱动下，运动速度很快，以致自泳粒子的快速运动使得其他两种胶体粒子不能及时对自泳粒子的运动产生反应，从而两种胶体粒子的速度趋于一致，并与图 6.1（b）区域（1）中整体刚体运动的最高速度基本一致。因此称该区域为匀速运动区域。

为进一步验证上述模拟结果的正确性，增加了细管的长度和宽度，均发现了类似的两种胶体粒子分离的现象。需要注意的是，图 6.1（b）区域（2）中的反常运动现象并不一定出现，该反常运动现象的出现与体系中的粒子电荷、粒子密度相关。为进一步揭示各种参数对体系的影响，接下来分别讲述各种胶体粒子的参数，如自泳粒子的电荷、两种胶体粒子的粒子数密度等对两种胶体粒子运动的影响。

6.4 影响体系运动的各种参数

6.4.1 自泳粒子的电荷

主要计算了 $Q_d = Q_A$ 至 $Q_d = 128Q_A$ 时体系的运动性质（$N_A = N_B = 40$，$Q_B = 8Q_A$）。图 6.4（a）～（c）分别列出了当自泳粒子的电荷 $Q_d = 2Q_A$、$Q_d = 12Q_A$、$Q_d = 128Q_A$ 时两种胶体粒子的平均速度随 F_{drx} 的变化曲线，其中体系的 $N_A = 40$，

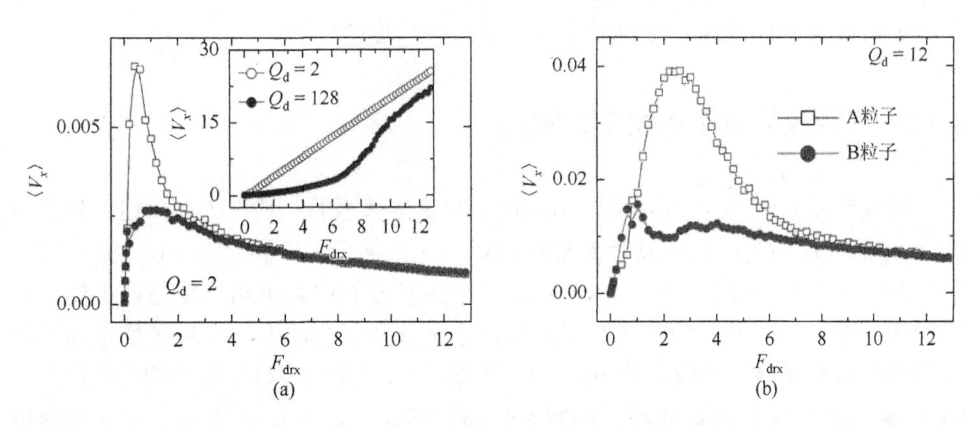

图 6.4　（a）～（c）不同自泳粒子电荷 Q_d 的体系中 A 粒子和 B 粒子的 x 方向平均速度〈V_x〉随自泳粒子驱动力 F_{drx} 的变化曲线；（d）A 粒子与 B 粒子之间的最高平均速度之比 $V_{R_{max}}$ 随自泳粒子电荷 Q_d 的变化曲线

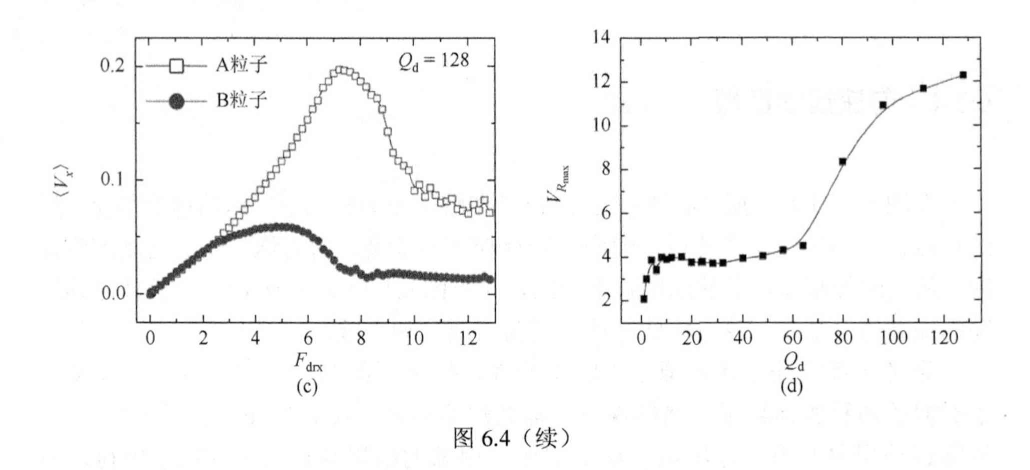

图 6.4（续）

$N_B = 40$，$Q_B = 8Q_A$。空心正方形曲线对应小粒子的结果，实心圆点曲线代表大粒子的结果。

比较图 6.4（a）～（c）可知，体系仍然呈现整体运动—分离运动—匀速运动的趋势，同时在细节上又存在差别。随着自泳粒子带电荷的增加，小粒子的最高平均速度向右平移，且峰值增大。主要原因在于自泳粒子电荷的增加导致对两种胶体粒子的排斥力增大，提高了两种胶体粒子的平均速度，且在微扰恒力下扩大了整体运动区域的范围。需要指出的是，反常运动区域只在自泳粒子的电荷约为 $10Q_A$ 范围内出现，体现了该反常运动与体系中的粒子间相互作用密切相关，且对其十分敏感。此外，计算了小粒子与大粒子之间的最高平均速度之比 $V_{R_{max}}$ 随自泳粒子电荷的变化曲线，如图 6.4（d）所示。在自泳粒子电荷 $Q_d = 10～60$ 时，小粒子的平均速度最高是大粒子的 4 倍。当 Q_d 继续增高，$V_{R_{max}}$ 出现较大增幅。通过该结果可以选取适当的自泳粒子电荷实现粒子分离的目的。

6.4.2　两种胶体粒子的粒子数密度

图 6.5（a）～（c）中列出了不同粒子数比例体系的 $\langle V_x \rangle$ -F_{drx} 曲线，体系中 $Q_B = 8Q_A$，$Q_d = Q_A$，其他具体参数对应：（a）$N_A = 24$，$N_B = 42$；（b）$N_A = 72$，$N_B = 36$；（c）$N_A = 136$，$N_B = 28$。不同粒子数密度的体系仍然呈现与以上结果类似的运动性质。随着两种胶体粒子的数目之比 N_A/N_B 的增大，A 粒子的最高平均速度峰值向右平移，对应驱动恒力 F_{drx} 更大。固定大粒子数目 $N_B = 40$，计算 $V_{R_{max}}$ 随小粒子数目 N_A 的变化曲线，如图 6.5（d）所示，当 $N_A/N_B \approx 2$ 时，$V_{R_{max}}$ 出现峰值，即小粒子与大粒子之间可出现最大的速度差值。

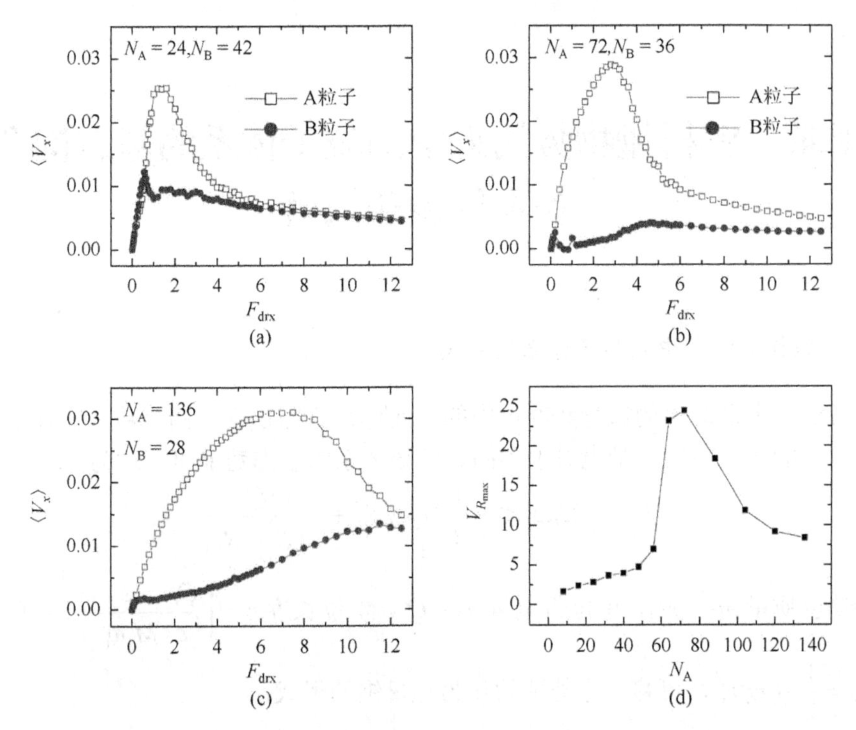

图6.5　(a)～(c)不同粒子数体系中A粒子和B粒子的x方向平均速度$\langle V_x \rangle$随自泳粒子驱动力F_{drx}的变化曲线；(d)A粒子与B粒子之间的最高平均速度之比$V_{R_{max}}$随体系中A粒子数的变化曲线（体系中固定$N_B = 40$）

以上研究指出，在准一维细管中可通过一个自泳粒子的作用实现两种粒子在速度以及空间分布的分离，且通过调节自泳粒子的驱动力、胶体粒子的电量、粒子数密度等参数可以得到不同分布特点的准一维胶体体系。相关规律的发现可对相关实验和实际应用体系提供理论支持和参数指导。

附录　解析抛物势约束中两粒子体系的基态构型和本征振动频谱

1. 抛物势约束中两粒子体系的基态

考虑一个最简单的抛物势约束中的多元体系，即仅含有两个粒子的体系，且两个粒子的质量不同，带电量也不同。则该体系的基态势能可表达为

$$V=\frac{1}{2}M_1\omega_0^2R_1^2+\frac{1}{2}M_2\omega_0^2R_2^2+\frac{Q_1Q_2}{\varepsilon|\overrightarrow{R_1}-\overrightarrow{R_2}|} \tag{附-1}$$

选择单位质量 $m_0=M_1$，单位带电量 $q_0=Q_1$，单位长度 $r_0=\left(\frac{Q_1^2}{\varepsilon}\frac{2}{M_1\omega_0^2}\right)^{1/3}$，单位能量 $E_0=\frac{1}{2}M_1\omega_0^2r_0^2$，可将基态势能约化为无量纲的形式：

$$V=m_1r_1^2+m_2r_2^2+\frac{q_1q_2}{|\overrightarrow{r_1}-\overrightarrow{r_2}|} \tag{附-2}$$

其中，$m_1=q_1=1$；m_2，q_2 是第二个粒子的约化质量和带电量；$\vec{r}_1=(x_1,y_1)$，$\vec{r}_2=(x_2,y_2)$ 分别为极坐标中第一个和第二个粒子的约化位置。根据在平衡位置处体系的一阶偏导为零：

$$\frac{\partial V}{\partial x_1}=\frac{\partial V}{\partial x_2}=\frac{\partial V}{\partial y_1}=\frac{\partial V}{\partial y_2}=0 \tag{附-3}$$

可得基态构型为

$$x_1=\left(\frac{q_2}{2}\right)^{\frac{1}{3}}\left(\frac{m_2}{m_2+1}\right)^{\frac{2}{3}} \tag{附-4}$$

$$x_2=-\frac{x_1}{m_2},y_1=y_2=0 \tag{附-5}$$

选择任意参数 $m_2=1/7$，$q_2=2$ 时，$x_1=1/4$，$x_2=-7/4$，$y_1=y_2=0$，基态总能量［式（附-2）］$V=1.5$。该解析结果与数值模拟的结果是一致的。在此基态结构基础上，可以利用求解多粒子体系本征振动的基础理论，解析体系的本征振动频谱和振动模式。接下来将以最简单的两个粒子体系为例，介绍解析本征振动频谱和振动模式的过程。

2. 抛物势约束中两粒子体系的本征振动频谱

首先介绍求解多粒子体系本征振动的基础理论，然后将此理论运用到该两粒子体系中。

1）基础理论

设一个完整、稳定、保守的经典力学体系在平衡位置时的广义坐标为 q_α（$\alpha = 1, 2, \cdots, s$），s 是该体系的自由度数。如果力学体系自平衡位置发生微小偏移，那么该体系的运动情况是怎样的？为此，可将力学体系的势能在平衡位形区域内展成泰勒级数，忽略高阶项可得

$$V = V_0 + \sum_{\alpha=1}^{s}\left(\frac{\partial V}{\partial q_\alpha}\right)_0 q_\alpha + \frac{1}{2}\sum_{\alpha,\beta=1}^{s}\left(\frac{\partial^2 V}{\partial q_\alpha \partial q_\beta}\right)_0 q_\alpha q_\beta \tag{附-6}$$

在讨论平衡位置附近的小振动时，可忽略二次以上的高阶项，并令 $V_0 = 0$，且势能的一阶偏导在平衡位置时为零，可得

$$V = \frac{1}{2}\sum_{\alpha,\beta=1}^{s}\left(\frac{\partial^2 V}{\partial q_\alpha \partial q_\beta}\right)_0 q_\alpha q_\beta \tag{附-7}$$

其中，系数 $c_{\alpha\beta} = \left(\dfrac{\partial^2 V}{\partial q_\alpha \partial q_\beta}\right)_0$ 为常数，下标“0”代表在平衡位置时所具有的值。

再将动能的表达式加以变化。因为在稳定约束下，动能 T 只是速度的二次齐次函数，即

$$T = \frac{1}{2}\sum_{\alpha,\beta=1}^{s} a_{\alpha\beta}\dot{q}_\alpha \dot{q}_\beta \tag{附-8}$$

由式（附-8）可得

$$\frac{\partial T}{\partial \dot{q}_\alpha} = \sum_{\beta=1}^{s} a_{\alpha\beta}\dot{q}_\beta \tag{附-9}$$

$$\frac{\mathrm{d}}{\mathrm{d}t}\left(\frac{\partial T}{\partial \dot{q}_\alpha}\right) = \sum_{\beta=1}^{s} a_{\alpha\beta}\ddot{q}_\beta \tag{附-10}$$

$$\frac{\partial T}{\partial q_\alpha} = 0 \tag{附-11}$$

另外，由式（附-7）又有

$$\frac{\partial V}{\partial q_\alpha} = \sum_{\beta=1}^{s} c_{\alpha\beta} q_\beta \tag{附-12}$$

将以上这些表达式代入拉格朗日方程式：

$$\frac{\mathrm{d}}{\mathrm{d}t}\left(\frac{\partial T}{\partial \dot{q}_\alpha}\right) - \frac{\partial T}{\partial \dot{q}_\alpha} = -\frac{\partial V}{\partial q_\alpha} \qquad (\alpha = 1, 2, \cdots, s) \tag{附-13}$$

得到力学体系在平衡位置附近的动力学方程：

$$\sum_{\beta=1}^{s}(a_{\alpha\beta}\ddot{q}_{\beta}+c_{\alpha\beta}q_{\beta})=0 \tag{附-14}$$

这是线性齐次常微分方程组，它的解答具有

$$q_{\beta}=A_{\beta}\mathrm{e}^{\lambda t} \tag{附-15}$$

的形式，其中，A_β 及 λ 为常数，把这个表达式代入式（附-14）中，得

$$\sum_{\beta=1}^{s}A_{\beta}(a_{\alpha\beta}\lambda^2+c_{\alpha\beta})=0 \qquad (\alpha=1,2,\cdots s) \tag{附-16}$$

从行列式

$$\begin{vmatrix} a_{11}\lambda^2+c_{11} & a_{12}\lambda^2+c_{12} & \cdots & a_{1s}\lambda^2+c_{1s} \\ a_{21}\lambda^2+c_{21} & a_{22}\lambda^2+c_{22} & \cdots & a_{2s}\lambda^2+c_{2s} \\ \vdots & \vdots & & \vdots \\ a_{s1}\lambda^2+c_{s1} & a_{s2}\lambda^2+c_{s2} & \cdots & a_{ss}\lambda^2+c_{ss} \end{vmatrix}=0 \tag{附-17}$$

中，可以求出 $2s$ 个 λ 的本征值 λ_n（$n=1, 2, \cdots, 2s$）。将每一个 λ_n 代入式（附-16），可求出一组 $A_{\beta}^{(n)}$。通过以上过程即可得到经典力学体系在平衡位置附近的振动频率和振动模式[133]。

2）两粒子体系的本征振动频谱

将上述基础理论应用到该两粒子体系中。考虑本征振动时，体系总能量为

$$H=T+V=\frac{1}{2}M_1\ddot{\vec{R}}_1^{\,2}+\frac{1}{2}M_2\ddot{\vec{R}}_2^{\,2}+\frac{1}{2}M_1\omega_0^2R_1^2+\frac{1}{2}M_2\omega_0^2R_2^2+\frac{Q_1Q_2}{\epsilon|\vec{R}_1-\vec{R}_2|} \tag{附-18}$$

选择与上节中相同的单位，可将体系总能量约化为

$$H=T+V=\frac{\ddot{\vec{r}}_1^{\,2}}{\omega_0^2}+\frac{m_2\ddot{\vec{r}}_2^{\,2}}{\omega_0^2}+r_1^2+m_2r_2^2+\frac{q_2}{|\vec{r}_1-\vec{r}_2|} \tag{附-19}$$

根据基础理论，要得到该体系的本征振动频谱，直接求解行列式（附-17）中的 λ 即可。该两粒子体系共有 4 个自由度，即有 4 个本征频率 λ。根据行列式（附-17），需要先求系数

$$a_{\alpha\beta}=\left(\frac{\partial^2T}{\partial\dot{q}_{\alpha}\partial\dot{q}_{\beta}}\right)_0 \tag{附-20}$$

$$c_{\alpha\beta}=\left(\frac{\partial^2V}{\partial q_{\alpha}\partial q_{\beta}}\right)_0 \tag{附-21}$$

此时体系的广义坐标（$\{q_\alpha, q_\beta\}=x_1, x_2, y_1, y_2$）即为每个粒子的笛卡儿坐标。

在任意参数 $m_2=1/7$，$q_2=2$ 下，粒子的基态位置为 $x_1=1/4$，$x_2=-7/4$，$y_1=y_2=0$，由这些初始值，可以得出系数 $a_{\alpha\beta}$ 和 $c_{\alpha\beta}$ 分别为

$$a_{\alpha\beta}=\begin{pmatrix}\frac{2}{\omega_0^2} & 0 & 0 & 0\\ 0 & \frac{2m_2}{\omega_0^2} & 0 & 0\\ 0 & 0 & \frac{2}{\omega_0^2} & 0\\ 0 & 0 & 0 & \frac{2m_2}{\omega_0^2}\end{pmatrix} \tag{附-22}$$

$$c_{\alpha\beta}=\begin{pmatrix}\frac{5}{2} & -\frac{1}{2} & 0 & 0\\ -\frac{1}{2} & \frac{11}{14} & 0 & 0\\ 0 & 0 & \frac{7}{4} & \frac{1}{4}\\ 0 & 0 & \frac{1}{4} & \frac{1}{28}\end{pmatrix} \tag{附-23}$$

则式（附-16）即

$$\begin{pmatrix}\frac{2}{\omega_0^2}\lambda^2+\frac{5}{2} & -\frac{1}{2} & 0 & 0\\ -\frac{1}{2} & \frac{2m_2}{\omega_0^2}\lambda^2+\frac{11}{14} & 0 & 0\\ 0 & 0 & \frac{2}{\omega_0^2}\lambda^2+\frac{7}{4} & \frac{1}{4}\\ 0 & 0 & \frac{1}{4} & \frac{2m_2}{\omega_0^2}\lambda^2+\frac{1}{28}\end{pmatrix}\begin{pmatrix}\Delta x_1\\ \Delta x_2\\ \Delta y_1\\ \Delta y_2\end{pmatrix}=0 \tag{附-24}$$

令 $\frac{2}{\omega_0^2}\lambda^2=\lambda_d^2$，从行列式：

$$\begin{vmatrix}\lambda_d^2+\frac{5}{2} & -\frac{1}{2} & 0 & 0\\ -\frac{1}{2} & m_2\lambda_d^2+\frac{11}{14} & 0 & 0\\ 0 & 0 & \lambda_d^2+\frac{7}{4} & \frac{1}{4}\\ 0 & 0 & \frac{1}{4} & m_2\lambda_d^2+\frac{1}{28}\end{vmatrix}=0 \tag{附-25}$$

可求得 $\lambda_d=0,\sqrt{2},\sqrt{2},\sqrt{6}$ 。通过这个过程就可以得到体系的本征振动频率。

在实际的数值模拟中，当两个粒子的质量相同时，即 $m_2 = m_1 = 1$ 时，在式（附-22）和式（附-24）很明显可以看出，λ_d^2 就是体系的常数矩阵 $c_{\alpha\beta} = \left(\frac{\partial^2 V}{\partial q_\alpha \partial q_\beta}\right)_0$（这时 $m_2 = 1$）的本征值，也就是说，在数值模拟中，只要对角化体系的常数矩阵 $c_{\alpha\beta}$ 就可以得到体系的本征频谱，常数矩阵 $c_{\alpha\beta}$ 也称为体系的动力学矩阵。但是当 $m_2 \neq m_1$ 时，就不能简单地对角化以上的动力学矩阵 $c_{\alpha\beta}$，因为这时式（附-24）或式（附-22）中对角元上 λ_d^2 的系数不再相同。

在考虑质量不同的体系时，如多元体系，对体系的系数矩阵 $a_{\alpha\beta}$ 和 $c_{\alpha\beta}$ 进行了如下转化：

$$a'_{\alpha\beta} = \left(\frac{\partial^2 T}{\sqrt{m_\alpha m_\beta}\,\partial \dot{q}_\alpha \partial \dot{q}_\beta}\right)_0 \tag{附-26}$$

$$c'_{\alpha\beta} = \left(\frac{\partial^2 V}{\sqrt{m_\alpha m_\beta}\,\partial q_\alpha \partial q_\beta}\right)_0 \tag{附-27}$$

这个转化实际是使得新的系数矩阵 $a'_{\alpha\beta}$ 中对角元的位置都转化成相同的 λ_d^2，因此体系的动力学方程［式（附-16）或式（附-24）］转化为

$$\begin{pmatrix} \lambda_d^2 + c'_{11} & c'_{12} & \cdots & c'_{1s} \\ c'_{21} & \lambda_d^2 + c'_{22} & \cdots & c'_{2s} \\ \vdots & \vdots & & \vdots \\ c'_{s1} & c'_{s2} & \cdots & \lambda_d^2 + c'_{ss} \end{pmatrix} \begin{pmatrix} \sqrt{m_1}\Delta x_1 \\ \sqrt{m_2}\Delta x_2 \\ \vdots \\ \sqrt{m_{s/2}}\Delta y_{s/2} \end{pmatrix} = 0 \tag{附-28}$$

这样转化后，就可以在数值模拟中，直接对角化体系新的系数矩阵 $c'_{\alpha\beta}$ 得到体系的本征振动频谱 λ_d。再将每个 λ_d 代入式（附-28）就可以得到 s 组振动模式矢量。

以上即是解析和数值模拟求得抛物势约束中多元体系的基态和振动频谱的简单示例过程。

参考文献

[1] Bubeck R，Bechinger C，Neser S，et al. Melting and reentrant freezing of two-dimensional colloidal crystals in confined geometry. Phys Rev Lett，1999，（82）：3364-3367.

[2] Wei Q H，Bechinger C，Rudhardt D，et al. Structure of two-dimensional colloidal systems under the influence of an external modulated light field. Progr Colloid Polym Sci，1998，（110）：46-49.

[3] Wei Q H，Bechinger C，Rudhardt D，et al. Experimental study of laser-induced melting in two-dimensional colloids. Phys Rev Lett，1998，（81）：2606-2609.

[4] Bechinger C，Brunner M，Leiderer P. Phase behavior of two-dimensional colloidal systems in the presence of periodic light fields. Phys Rev Lett，2001，（86）：930-933.

[5] Wei Q H，Bechinger C，Leiderer P. Experimental observation of single-file diffusion of Brownian particles. Progr Colloid Polym Sci，1999，（112）：227-230.

[6] Bechinger C，Wei Q H，Leiderer P. Reentrant melting of two-dimensional colloidal systems. J Phys：Condens Matter，2000，（12）：425-430.

[7] Bubeck R，Leiderer P，Bechinger C. Structure and dynamics of two-dimensional colloidal systems in circular cavities. Progr Colloid Polym Sci，2001，（118）：73-76.

[8] Rudhardt D，Bechinger C，Leiderer P. Repulsive depletion interactions in colloid-polymer mixtures. J Phys：Condens Matter，1999，（11）：10073-10078.

[9] Grünberg H H，Helden L，Leiderer P，et al. Measurement of surface charge densities on Brownian particles using total internal reflection microscopy. J Chem Phys，2001，（114）：10094-10104.

[10] Mangold K，Birk J，Leiderer P，et al. Binary colloidal systems in two-dimensional circular cavities：Structure and dynamics. Phys Chem Chem Phys，2004，（6）：1623-1626.

[11] Wei Q H，Bechinger C，Leiderer P. Single-file diffusion of colloids in one-dimensional channels. Science，2000，（287）：625-627.

[12] Lutz C，Kollmann M，Leiderer P，et al. Diffusion of colloids in one-dimensional light channels. J Phys：Condens Matter，2004，（16）：S4075-S4083.

[13] Köppl M，Henseler P，Erbe A，et al. Layer reduction in driven 2D-colloidal systems through microchannels. Phys Rev Lett，2006，（97）：208-302.

[14] Doyle P S，Bibette J，Bancaud A，et al. Self-assembled magnetic matrices for DNA separation chips. Science，2002，（295）：2237-2237.

[15] Segalman R A，Hexemer A，Kramer E J. Edge effects on the order and freezing of a 2D array of block copolymer spheres. Phys Rev Lett，2003，（91）：196101.

[16] Haghgooie R，Li C，Doyle P S. Experimental study of structure and dynamics in a monolayer of paramagnetic colloids confined by parallel hard walls. Langmuir，2006，（22）：3601-3605.

[17] Wang W，Duan W，Ahmed S，et al. Small power：Autonomous nano-and micromotors propelled

by self-generated gradients. Nano Today，2013，(8)：531-554.
[18] Wong F，Dey K K，Sen A. Synthetic，micro/nanomotors and pumps：Fabrication and applications. Ann Rev Mater Res，2016，(46)：407-432.
[19] Wu Z G，Li J X，de Ávila E F，et al. Water-powered cell-mimicking Janus micromotor. Adv Funct Mater，2015，(25)：7497-7501.
[20] Wigner E. On the interaction of electrons in metals. Phys Rev，1934，(46)：1002-1011.
[21] Ichimaru S. Strongly coupled plasmas：High-density classical plasmas and degenerate electron liquids. Rev Mod Phys，1982，(54)：1017-1059.
[22] Crandalla R S，Williams R. Crystallization of electrons on the surface of liquid helium. Phys Lett A，1971，(34)：404-405.
[23] Grimes C C，Adams G. Evidence for a liquid-to-crystal phase transition in a classical，two-dimensional sheet of electrons. Phys Rev Lett，1979，(42)：795-798.
[24] Leiderer P，Ebner W，Shikin V B. Macroscopic electron dimples on the surface of liquid helium. Surf Sci，1982，(113)：405-411.
[25] Leiderer P. Electrons at helium interfaces. Physica B，1984，(126)：92-99.
[26] Neser S，Bechinger C，Leiderer P，et al. Finite-size effects on the closest packing of hard spheres. Phys Rev Lett，1997，(79)：2348-2351.
[27] Cohen I，Mason T G，Weitz D A. Shear-induced configurations of confined colloidal suspensions. Phys Rev Lett，2004，(93)：046001.
[28] Hynninen A P，Dijkstra M. Phase diagram of dipolar hard and soft spheres：Manipulation of colloidal crystal structures. Phys Rev Lett，2005，(94)：138303.
[29] Osterman N，Babič D，Poberaj I，et al. Observation of condensed phases of quasiplanar core-softened colloids. Phys Rev Lett，2007，(99)：248301.
[30] Gu Z Z，Wang D，Möhwald H. Self-assembly of microspheres at the air/water/air interface into free-standing colloidal crystal films. Soft Matter，2007，(3)：68-70.
[31] Fontecha A B，Palberg T，Schöpe H J. Construction and stability of a close-packed structure observed in thin colloidal crystals. Phys Rev E (R)，2007，(76)：050402.
[32] Tymczenko M，Marsal L F，Trifonov T，et al. Colloidal crystal wires. Adv Mater，2008，(20)：2315-2318.
[33] Chu J H，Lin I. Direct observation of coulomb crystals and liquids in strongly coupled RF dusty plasmas. Phys Rev Lett，1994，(72)：4009-4012.
[34] Thomas H，Morfill G E，Demmel V，et al. Plasma crystal：Coulomb crystallization in a dusty plasma. Phys Rev Lett，1994，(73)：652-655.
[35] Hayashi Y，Tachibana K. Observation of coulomb-crystal formation from carbon particles grown in a methane plasma. Jpn J Appl Phys，1994，(33)：L804-L806.
[36] Melzer A，Trottenberg T，Piel A. Experimental determination of the charge on dust particles froming Coulomb lattices. Phys Lett A，1994，(191)：301-308.
[37] Ashoori R C. Electrons in artificial atoms. Nature，1996，(379)：413-419.
[38] Petroff P M，Lorke A，Imamoglu A. Epitaxially self-assembled quantum dots. Phys Today，2001，(54)：46-52.

[39] Bayer M，Stern O，Hawrylak P，et al. Hidden symmetries in the energy levels of excitonic 'artificial atoms'. Nature，2000，(405)：923-926.

[40] Wineland D J，Itano W M. Laser cooling. Phys Today，1987，(40)：34-40.

[41] Gilbert S L，Bollinger J J，Wineland D J. Shell-structure phase of magnetically confined strongly coupled plasmas. Phys Rev Lett，1988，(60)：2022-2025.

[42] Levi B G. Clouds of trapped cooled ions condense into crystals. Phys Today，1988，(41)：17-20.

[43] Diedrich F，Peik E，Chen J M，et al. Observation of a phase transtion of stored laser-cooled ions. Phys Rev Lett，1987，(59)：2931-2934.

[44] Jean M S，Even C，Guthmann C. Macroscopic 2D wigner islands. Europhys Lett，2001，(55)，45-51.

[45] Jean M S，Guthmann C. Macroscopic two-dimensional Wigner asymmetric islands. J Phys：Condens Matter，2002，(14)：13653-13660.

[46] Coupier G，Guthmann C，Noat Y，et al. Local symmetries and order-disorder transitions in small macroscopic Wigner islands. Phys Rev E，2005，(71)：046105.

[47] Coupier G，Jean M S，Guthmann C. Enhancement of mobilities in a pinned multidomain crystal. Phys Rev B，2007，(75)：224103.

[48] Grzybowski B A，Stone H A，Whitesides G M. Dynamic self-assembly of magnetized，millimetre-sized objects rotating at a liquid-air interface. Nature，2000，(405)：1033-1036.

[49] Grzybowski B A，Jiang X，Stone H A，et al. Dynamic，self-assembled aggregates of magnetized，millimeter-sized objects rotating at the liquid-air interface：Macroscopic，two-dimensional classical artificial atoms and molecules. Phys Rev E，2001，(64)：011603.

[50] Grzybowski B A，Stone H A，Whitesides G M. Dynamics of self assembly of magnetized disks rotating at the liquid–air interface. Proc Natl Acad Sci USA，2002，(99)：4147-4151.

[51] Selwyn G S，Singh J，Bennett R S. *In situ* laser diagnostic studies of plasma-generated particulate contamination. J Vac Sci Technol A，1989，(7)：2758-2765.

[52] Selwyn G S，McKillop J S，Haller K，et al. *In situ* plasma contamination measurements by HeNe laser light scattering：A case study. J Vac Sci Technol A，1990，(8)：1726-1731.

[53] Merlino R L，Goree J A. Dusty plasmas in the laboratory，industry，and space. Phys Today，2004，(57)：32-38.

[54] 侯璐景. 射频鞘层中尘埃粒子的运动过程及尘埃晶格形成机理的研究. 大连理工大学博士学位论文，2005.

[55] Winier J. Dust：A new challenge in nuclear fusion research. Phys Plasmas，2000，(7)：3862-3866.

[56] Krasheninnikov S I，Tomita Y，Smirnov R D，et al. On dust dynamics in tokamak edge plasmas. Phys Plasmas，2004，(11)：3141-3150.

[57] Juan W T，Huang Z H，Hsu J W，et al. Observation of dust Coulomb clusters in a plasma trap. Phys Rev E，1998，(58)：R6947-R6950.

[58] Juan W T，Hsu J W，Huang Z H，et al. Structures and motions of strongly coupled quasi-2D dust coulomb clusters in plasmas：From small *N* to large *N*. Chin J Phys，1999，(37)：184-195.

[59] Zuzic M，Ivlev A V，Goree J，et al. Three-dimensional strongly coupled plasma crystal under

gravity conditions. Phys Rev Lett，2000，（85）：4064-4067.

[60] Hebner G A，Riley M E，Johnson D S，et al. Direct determination of particle-particle interactions in a 2D plasma dust crystal. Phys Rev Lett，2001，（87）：235001.

[61] Melzer A，Klindworth M，Piel A. Normal modes of 2D finite clusters in complex plasmas. Phys Rev Lett，2001，（87）：115002.

[62] Melzer A. Mode spectra of thermally excited two-dimensional dust Coulomb clusters. Phys Rev E，2003，（67）：016411.

[63] Wales D J，Lee A M. Structure and rearrangements of small trapped-ion clusters. Phys Rev A，1993，（47）：380-393.

[64] Praburam G，Goree J. Experimental observation of very low-frequency macroscopic modes in a dusty plasma. Phys Plasmas，1996，（3）：1212-1219.

[65] Quinn R A，Cui C，Goree J，et al. Structural analysis of a Coulomb lattice in a dusty plasma. Phys Rev E，1996，（53）：R2049-R2052.

[66] Thomas H M，Morfill G E. Melting dynamics of a plasma crystal. Nature，1996，（379）：806-809.

[67] Chiang C H，Lin I. Cooperative particle motions and dynamical behaviors of free dislocations in strongly coupled quasi-2D dusty plasmas. Phys Rev Lett，1996，（77）：647-650.

[68] Liu J Y，Ma J X. Effects of various forces on the distribution of particles at the boundary of a dusty plasma. Phys Plasmas，1997，（4）：2798-2804.

[69] Wang Z X，Liu J Y，Liu Y，et al. Bohm criterion for dust-electron plasmas induced by UV irradiation. Phys Plasmas，2004，（11）：5723-5726.

[70] Bedanov V M，Peeters F M. Ordering and phase transitions of charged particles in a classical finite two-dimensional system. Phys Rev B，1994，（49）：2667-2676.

[71] Liu B，Avinash K，Goree J. Transverse optical mode in a one-dimensional yukawa chain. Phys Lett，2003，（91）：255003.

[72] Homann A，Melzer A，Peters S，et al. Determination of the dust screening length by laser-excited lattice waves. Phys Rev E，1997，（56）：7138-7141.

[73] Teng L W，Tu P S，Lin I. Microscopic observation of confinement-induced layering and slow dynamics of dusty-plasma liquids in narrow channels. Phys Rev Lett，2003，（90）：245004.

[74] Apolinário S W S. Static and dynamical properties of finite size two-and three-dimensional Wigner crystals. University of Antwerp PHD Thesis，2008.

[75] Coupier G，Jean M S，Guthmann C. Single file diffusion in macroscopic Wigner rings. Phys Rev E，2006，（73）：031112.

[76] Coupier G，Jean M S，Guthmann C. Single file diffusion enhancement in a fluctuating modulated quasi-1D channel. Europhys Lett，2007，（77）：60001.

[77] Golosovsky M，Saado Y，Davidov D. Energy and symmetry of self-assembled two-dimensional dipole clusters in magnetic confinement. Phys Rev E，2002，（65）：061405.

[78] Saado Y，Golosovsky M，Davidov D，et al. Tunable photonic band gap in self-assembled clusters of floating magnetic particles. Phys Rev B，2002，（66）：195108.

[79] Drewsen M，Jensen I，Lindballe J，et al. Ion coulomb crystals：a tool for studying ion processes.

Int J Mass Spectrom，2003，(229)：83-91.

[80] Wineland D J，Bergquist J C，Itano W M，et al. Atom-ion coulomb clusters in an ion trap. Phys Rev Lett，1987，(59)：2935-2938.

[81] Gilbert S L，Bollinger J J，Wineland D J. Shell-structure phase of magnetically confined strongly coupled plasmas. Phys Rev Lett，1988，(60)：2022-2025.

[82] Mitchell T B，Bollinger J J，Dubin D H E，et al. Direct observations of structural phase transitions in planar crystallized ion plasmas. Science，1998，(282)：1290-1293.

[83] Hornekær L，Kjærgaard N，Thommesen A M，et al. Structural properties of two-component coulomb crystals in linear paul traps. Phys Rev Lett，2001，(86)：1994-1997.

[84] Szafran B，Bednarek S，Adamowski J. Magnetic-field-induced transformations of Wigner molecule symmetry in quantum dots. Phys Rev B，2003，(67)：045311.

[85] Kong M H，Partoens B，Matulis A，et al. Structure and spectrum of two-dimensional clusters confined in a hard wall potential. Phys Rev E，2004，(69)：036412.

[86] Kong M H. Static and dynamical properties of classical two-dimensional clusters. University of Antwerp PHD Thesis，2004.

[87] Kong M H，Partoens B，Peeters F M. Topological defects and Non-homogeneous melting of large 2D Coulomb Clusters. Phys Rev E，2003，(67)：021608.

[88] Kong M H，Partoens B，Peeters F M. Structural，dynamical and melting properties of two-dimensional clusters of complex plasmas. New J Phys，2003，(5)：23.1-23.17.

[89] Lai Y J，Lin I. Packings and defects of strongly coupled two-dimensional coulomb clusters: Numerical simulation. Phys Rev E，1999，(60)：4743-4753.

[90] Lai Y J，Lin I. Defects and particle motions in the nonuniform melting of a two-dimensional Coulomb cluster. Phys Rev E，2001，(64)：R015601.

[91] Kong M H，Partoens B，Peeters F M. Transition between ground state and metastable states in classical two-dimensional atoms. Phys Rev E，2002，(65)：046602.

[92] Kong M H，Vagov A，Partoens B，et al. Nonlinear screening in large two-dimensional coulomb clusters. Phys Rev E，2004，(70)：051807.

[93] Nelissen K，Partoens B，Peeters F M. Influence of a defect particle on the structure of a classical two-dimensional cluster. Phys Rev E，2004，(69)：046605.

[94] Cândido L，Rino J P，Studart N，et al. The structure and spectrum of the anisotropically confined two-dimensional Yukawa system. J Phys: Condens Matter，1998，(10)：11627-11644.

[95] Apolinario S W S，Partoens B，Peeters F M. Structure and spectrum of anisotropically confined two-dimensional clusters with logarithmic interaction. Phys Rev E，2005，(72)：046122.

[96] Partoens B，Deo P S. Structure and spectrum of classical two-dimensional clusters with a logarithmic interaction potential. Phys Rev B，2004，(69)：245415.

[97] Xie B S，Yang Z A. Noise driven configuration of dust clusters by molecular dynamics simulation. Phys Plasmas，2002，(9)：4851-4855.

[98] Partoens B，Schweigert V A，Peeters F M. Classical double-layer atoms：artificial molecules. Phys Rev Lett，1997，(79)：3990-3993.

[99] Cândido L，Fonseca T L，Teixeira Rabelo J N，et al. Ground-state energy of a classical artificial

molecule. Eur Phys J B，2008，(64)：81-86.

[100] Apolinario S W S，Partoens B，Peeters F M. Structural and dynamical aspects of small three-dimensional spherical Coulomb clusters. New J Phys，2007，(9)：283.

[101] Apolinario S W S，Peeters F M. Melting transitions in isotropically confined three-dimensional small Coulomb clusters. Phys Rev E，2007，(76)：031107.

[102] Apolinario S W S，Partoens B，Peeters F M. Multiple rings in a 3D anisotropic Wigner crystal：Structural and dynamical properties. Phys Rev B，2008，(77)：035321.

[103] Drocco J A，Olson Reichhardt C J，Reichhardt C，et al. Structure and melting of two-species charged clusters in a parabolic trap. Phys Rev E，2003，(68)：R060401.

[104] Matthey T，Hansen J P，Drewsen M. Coulomb bicrystals of species with identical charge-to-mass ratios. Phys Rev Lett，2003，(91)：165001.

[105] Yurtsever E，Calvo F，Wales D J. Finite-size effects in the dynamics and thermodynamics of two-dimensional Coulomb clusters. Phys Rev E，2005，(72)：026110.

[106] Ferreira W P，Munarin F F，Nelissen K，et al. Structure，normal mode spectra，and mixing of a binary system of charged particles confined in a parabolic trap. Phys Rev E，2005，(72)：021406.

[107] Liu Y H，Chen Z Y，Yu M Y，et al. Structure of multispecies charged particles in a quadratic trap. Phys Rev E，2006，(73)：047402.

[108] Haghgooie R，Doyle P S. Structural analysis of a dipole system in two-dimensional channels. Phys Rev E，2004，(70)：061408.

[109] Haghgooie R，Doyle P S. Structure and dynamics of repulsive magnetorheological colloids in two-dimensional channels. Phys Rev E，2005，(72)：011405.

[110] Piacente G，Schweigert I V，Betouras J J，et al. Generic properties of a quasi-one-dimensional classical Wigner crystal. Phys Rev B，2004，(69)：045324.

[111] Ferreira W P，Carvalho J C N，Oliveira P W S，et al. Structural and dynamical properties of a quasi-one-dimensional classical binary system. Phys Rev B，2008，(77)：014112.

[112] Schweigert V A，Peeters F M. Spectral properties of classical two-dimensional clusters. Phys Rev B，1995，(51)：7700-7713.

[113] Partoens B，Peeters F M. Classical artificial two-dimensional atoms：The Thomson model. J Phys：Condens Matter，1997，(9)：5383-5393.

[114] Tomecka D M，Partoens B，Peeters F M. Multistep radial melting in small two-dimensional classical clusters. Phys Rev E，2005，(77)：062401.

[115] Zheng X H，Grieve R. Melting behavior of single two-dimensional crystal. Phys Rev B，2006，(73)：064205.

[116] Apolinario S W S，Partoens B，Peeters F M. Inhomogeneous melting in anisotropically confined two-dimensional clusters. Phys Rev Lett，2006，(74)：031107.

[117] Nunomura S，Samsonov D，Zhdanov S，et al. 2006. Self-diffusion in a liquid complex plasma. Phys Rev Lett，(96)：015003.

[118] Nelissen K，Partoens B，Schweigert I，et al. Induced order and reentrant melting in classical two-dimensional binary clusters. Europhys Lett，2006，(74)：1046-1052.

[119] Ferreira W P，Munarin F F，Farias G A，et al. Melting of a two-dimensional binary cluster of charged particles confined in a parabolic trap. J Phys：Condens Matter，2006，(18)：9385-9401.

[120] Schweigert I V，Schweigert V A，Peeters F M. Melting of the classical bilayer wigner crystal：Influence of lattice symmetry. Phys Rev Lett，1999，(82)：5293-5296.

[121] Frenkel，Smit. Understanding Molecular Simulation—From Algorithms to Applications. 分子模拟——从算法到应用. 汪文川，等译. 北京：化学工业出版社，2002.

[122] 陈舜麟. 计算材料科学. 北京：化学工业出版社，2005.

[123] 张跃，谷景华，尚家香，等. 计算材料学基础. 北京：北京航空航天大学出版社，2007.

[124] Metropolis N，Rosenbluth A W，Rosenbluth M N，et al. Equation of state calculations by fast computing machines. J Chem Phys，1953，(21)：1087-1092.

[125] Heermann D W. Computer Simulation Methods in Theoretical Physics. 理论物理学中的计算机模拟方法. 秦克诚，译. 北京：北京大学出版社，1996.

[126] 范巍. 镍团簇在金表面上结构、磁性和扩散的理论研究. 中国科学院固体物理研究所博士学位论文，2004.

[127] Alder B J，Wainwrigth T E. Phase transition for a hard sphere system. J Chem Phys，1957，(27)：1208-1209.

[128] 舒大军. 表面动力学性质的计算和理论研究. 中国科学院固体物理研究所博士学位论文，2001.

[129] 孙得彦. 团簇结构和物性的分子动力学研究. 中国科学院固体物理研究所博士学位论文，1998.

[130] 段香梅. 与表面有关的动力学过程的计算机模拟. 中国科学院固体物理研究所博士学位论文，1999.

[131] Yang W，Zeng Z. Structure and spectrum of binary classic systems confined in a parabolic trap. Chin Phys Lett，2009，(26)：045204.

[132] Yang W，Nelissen K，Kong M H，et al. Melting properties of two-dimensional multi-species colloidal systems in a parabolic trap. Eur Phys J B，2011，(83)：499.

[133] 周衍柏. 理论力学教程. 2 版. 北京：高等教育出版社，1986.

[134] Yang W，Kong M，Milosevic M V，et al. Two-dimensional binary clusters in a hard-wall trap：Structural and spectral properties. Phys Rev E，2007，(76)：041404.

[135] Yang W，Nelissen K，Kong M，et al. Structure of binary colloidal systems confined in a quasi-one-dimensional channel. Phys Rev E，2009，(79)：041406.

[136] Yang W，Misko V R，Tempere J，et al. Artificial living crystals in confined environment. Phys Rev E，2017，(95)：062602.

[137] Yang W，Misko V R，Nelissen K，et al. Using self-driven microswimmers for particle separation. Soft Matter，2012，(8)：5175.